쿼크

소립자물리의 최전선

난부 요이치로 지음
김정흠·손영수 옮김

전파과학사

머리말

소립자물리학의 목적은 물질의 궁극적인 구조와 그것을 지배하는 기본 법칙을 밝히는 일이다. 나는 이 책에서 소립자물리학이 지난 50년 동안에 어떻게 발전해 왔으며, 현재 어떤 일들을 알고 있는가를 꽤나 구체적으로 또 계통적으로 설명해 보려고 시도하였다.

다행히도 일본은 소립자물리학에 지금까지 일류급의 공헌을 해 왔다. 유카와(湯川), 도모나가(朝永) 두 박사의 이름을 모르는 사람은 없겠지만 그 이외에도 많은 학자들이 세계적인 업적을 이룩하고 있다. 그것은 뛰어난 개별적인 작업일 뿐만 아니라 전체로서는 소립자물리학의 진로를 우리에게 가르쳐 주었다.

나도 이와 같은 전통 아래서 자란 사람이기 때문에 최신 지식을 기성의 것으로 소개하기보다는, 차라리 물리학자가 어떤 사고방식을 밟아 현재의 위치에 도달하게 되었는가를 설명하는 데에 중점을 두었던 셈이다. 물론 어느 정도의 전문지식을 가정하지 않고서 이 일을 한다는 것은 무리이지만, 적어도 연구가 어떤 과정을 갖는지 이해해 주었으면 좋으리라 생각한다.

과거 50년 동안에 소립자물리학은 대단한 진보를 이룩했다. 양성자나 중간자는 소립자가 아니며 그 대신 쿼크가 등장했다. 그뿐만 아니라 지금까지 관계가 없는 것으로 간주되었던 각종의 힘도 통일될 가능성이 생겼다. 더욱 놀라운 일은 극대의 세계인 우주 전체의 역사를 극소 세계의 문제와 떼어놓을 수 없게 되었다는 점이다.

4

물론 이론은 실험과 더불어 진보하는 것이다. 옛날의 사이클로트론과 비교하여 현재 가속기의 에너지는 100만 배로 향상되었고 수천 명이나 되는 사람을 쓰며 국제적인 출자를 필요로 할 만한 규모가 되어 버렸다. 그래도 연구자는 늘 다음 단계를 꿈꾸고 있다. 만약 다행히도 세계 평화가 앞으로 계속된다면 이와 같은 꿈도 차츰차츰 실현될 것이다. 지금까지 저토록 이론에 공헌해 온 일본이 실험 방면에서도 활약해 주었으면 싶다.

이 책을 다 썼을 무렵에 유카와 박사가 서거하셨다. 한 시대가 흘러갔다는 느낌이 든다. 앞으로 소립자물리학의 발전을 좇아가려는 젊은 독자들에게 이 책이 하나의 안내로서의 구실을 한다면 다행이다.

마지막으로 이 책의 삽화를 위해 재료를 제공해 주신 R. Levi-Setti 교수와 야마노우치(山內泰二) 박사에게 감사의 뜻을 표한다.

난부 요이치로

차례

8

1장
소립자란 무엇인가?

해답이 있는지 없는지조차도 모르는 질문

물리학에 특별한 관심이 있는 사람은 물론이거니와 그렇지
않은 일반 사람에게도 이제 '소립자(素粒子)'란 그리 생소한 말
이 아니다.

소립자라는 말은 필자가 대학에 진학하여 물리학을 전공하기
시작했을 때 이미 예사로이 쓰이고 있었다. 필자도 동급생 몇
몇과 함께 교수에게 소립자를 연구하고 싶다고 신청했었다. 소
립자를 영어로는 Elementary Particle이라고 한다. '엘리먼트
(Element)'라는 말은 보통 요소(要素)나 단위(單位)라는 말로 번
역되는데, 화학에서는 '원소(元素)'를 말한다. 물질을 구성하는
기본 재료로서 모든 것은 이것의 결합으로 이루어지고 그 자체
는 다른 어떤 것으로부터도 만들어지지 않는다는 것을 의미한
다. 이러한 뜻의 엘리먼트가 존재한다는 것은 예로부터 인간이
외부 세계를 이해하려 할 때 자연히 생겨난 가설이었지만, 현
대과학에서 엘리먼트라는 개념의 발전은 특히 그리스 자연철학
의 영향을 크게 받고 있다.

그렇다면 도대체 무엇이 엘리먼트란 말인가? 곰곰이 생각해
보면 이 질문은 두 부분으로 나뉜다. 첫째는 애당초 엘리먼트
라는 것이 존재하느냐는 것이고, 다음에는 만약 존재한다면 그
것이 무엇이냐는 것이다. 이것에 대답하려는 것이 곧 소립자물
리학이라는 것은 여러분도 이미 짐작했을 것이다.

그러나 이에 대한 대답은 그리 쉽지 않다. 아니, 정말로 그것에 대한 대답이 있는지 없는지조차도 모른다. 자연과학이 태어나기 전에 이를테면 흙, 물, 불, 바람이 엘리먼트라고 하는 주장이 있었다. 이것은 그리스의 아리스토텔레스(Aristoteles)에서 비롯된 것으로 자연계가 인간에게 미치는 영향, 특히 비, 바람, 번개, 지진 따위의 피해가 엘리먼트의 탓이라고 하는 표현을 영어 등에서 볼 수 있는 것도 아마 그 흔적일 것이다.

현재는 물론 흙, 물, 불, 바람을 엘리먼트라고 생각하는 사람은 없다. 물질을 아주 잘게 분할하여 그것의 최종 단계를 찾겠다는 태도는 자연과학의 배경에 깔려 있는 실증적(實證的) 입장이기는 하나 현실적으로 이것을 그대로 실행해 간다면 금방 벽에 부딪쳐 버린다.

사실 나이프로 물체를 잘게 잘게 썰어 가건, 또는 현미경으로 물체를 확대시켜 검사하건 그 비슷한 한계에는 도달할 것 같지 않다. 1마이크론(μ: 1/1,000㎜) 정도의 입자만 해도 여러 가지 형태와 크기가 있으며 그 속에는 아직도 구조가 있을 것 같다. 그러나 기술적으로는 나이프나 현미경으로 이보다 더 작은 세계로 좀처럼 갈 수가 없어 보인다. 나이프 그 자체가 엘리먼트로 구성되어 있다면 그 엘리먼트의 크기보다 더 예리한 칼끝은 만들 수가 없을 것이다. 보다 작은 세계를 조사하기 위해서는 가능한 한 예리한 칼끝이 필요할 터이니 이 문제는 결국 개미 쳇바퀴 돌듯 출발점에 다시 되돌아오고 만다.

19세기에 화학, 즉 물질의 화학적 변화에 관한 지식이 진보하게 되어 비로소 근대적인 의미로서의 아톰(Atom) 또는 원자(原子)라는 개념이 생겼다. 고대 그리스의 철학자 데모크리토스

(Dēmokritos)는 물질이 아톰(Atom=a-tom, 나눌 수 없는, 즉 不可分割)이라는 불변의 요소로부터 성립되어 있다는 가설을 세웠다. 그러나 화학에서 말하는 원자는 화학 반응의 연구를 통해 자연적으로 발생된 것이다. 그것은 위에서 말한 것과 같은 소박한 기계적 분할에 바탕을 둔 것이 아니고 전혀 다른 원리에 입각하고 있다. 다음에서 이것을 설명하겠다.

무엇인가 불변하게 보존되는 것이 있다

화학물질 A, B, C, D……를 여러 가지로 섞어 놓으면 화학 반응이 일어난다. 이를테면

(1) A + B = C

(2) A + D = E + F

등이다. 우리는 무엇과 무엇을 섞으면 무엇이 생기는가를 정해주는 법칙을 알고 싶다. 그 첫걸음으로 이들의 반응에는 어떤 규칙성이 있는지를 먼저 살펴보기로 하자.

그 결과 반응의 전후에 있어서 전체 질량이 변화하지 않는다는 사실을 알았다고 하자. 즉 위의 식을 고쳐 읽어 A, B, C……는 그 각각의 물질이 갖는 질량을 나타내는 것이라고 하면 이들 식은 보통의 의미로서의 등식(等式)으로 볼 수 있다.

여기서 우리는 자연계에 하나의 보존법칙이 성립한다는 것을 발견하게 된다. 즉 질량 보존의 법칙이다. 물질은 서로 반응하여 성질이 완전히 다른 물질로 변해 버리지만 그럼에도 불구하고 무엇인가 늘 불변하게 보존되는 것이 있다—이것이 보존법칙의 의미이다.

  그런데 화학 반응에 보다 더 세밀한 규칙성이 있는지를 추궁해 나간 결과 다음과 같은 사실을 알게 되었다고 하자.

  (1)의 반응이 일어나려면 언제나 A와 B를 1:2의 중량비(重量比)로 섞어야 한다. 이를테면 A와 B를 같은 중량만큼 취하면 A의 절반은 반응하지 않고서 남게 된다. 마찬가지로 (2)의 반응에서도 A, D, E, F는 일정한 중량비를 가졌다고 하자. 일반적으로 말하면 반응에 관여하는 각 물질의 중량 사이에는 그 반응에 특유한 정수적(整數的) 관계가 있다.

  위와 같은 사고과정(思考過程)을 더듬어 본다는 것은 사실 19세기 화학의 발전 과정을 스스로 다시 한 번 더듬어 본다는 것에 지나지 않는다. 그 대답은 누구나 알고 있으므로 새삼스럽게 다시 생각해 볼 만한 일은 못된다. 그러나 다음과 같은 의문이 머리에 떠오르는 것은 자연스러운 일일 것이다.

  즉 여러 가지 반응을 통하여 가장 작은 정수로 나타내 줄 수 있는 것(물질)이 있을 텐데, 만약 이것이 사실이라면 다른 물질은 모두 이것으로부터 조립될 수 있는 것이 아닐까? 그 비(比)가 정수라고 하는 것은 기본 물질 자체가 어떤 최소의 기본 단위로 이루어져 있기 때문 아닌가? 그렇다면 이 기본 단위를 아톰(원자)이라 명명하고, 위의 가설을 여러 경우에 적용해 보면 어떨까……

  실제의 화학은 더 복잡하다. 원자는 한 종류만이 아니다. 수소 원자는 제일 가벼운 것이지만 그 밖에도 많은 원자(원소)가 있으며, 그 무게는 수소 원자의 정수배라고 하지만 그렇다고 그들 원자가 수소 원자로 환원되지는 않는다. 이 문제를 더 정밀하게 조사해 보면 다른 원소의 원자량이 수소 원자의 정수배라고 하는 것은 근사적(近似的)인 이야기에 불과하다. 질량의 보존이라고는 하나 이것도 엄밀하지는 않다는 등등의 여러 가지 문제가 파생하기에 이르렀다.

정말로 있을까?

그것은 그렇다고 치고 원자의 실존성(實存性)에 대해서는 어떨까? 몇몇 원소가 물질로서 실제로 존재한다는 것은 화학실험을 하는 사람들에게는 의심할 바 없는 사실이다. 수소, 탄소, 산소 등을 실제로 유리(遊離)해낼 수 있기 때문이다. 그러나 원자가 되면 이야기가 달라진다. 1개의 원자는 크기조차 알 수 없을 뿐더러 도저히 눈에는 보이지 않을 것 같다. 그런 의미에서는 화학에서 말하는 원자도 데모크리토스의 아톰과 같은 가설에 지나지 않는 것 같다.

그러나 커다란 차이가 있다. 우선 화학적인 원자는 수량적인 법칙에 근거하고 있어 실험에 의해 그 진위(眞僞)를 검증할 수 있다. 다음으로는 연구의 진보와 더불어 원자의 실존성 자체가 여러 방면에서 확인되었다. 원자의 크기도 결정할 수 있게 되었으며 어느 의미에서는 눈에 보이게 할 수도 있게 되었다.

이를테면 거품상자(Bubble Chamber)에 남는 입자의 궤적(軌跡)은 우리에게 아톰을 실제로 보고 있는 것과 같은 '착각'을 준다. 아톰의 크기가 10^{-8} ㎝ 정도라는 것을 배운 사람은 그것이 실제로 보일 턱이 없다고 간단하게 처리해 버릴지 모르나 이것은 과연 착각일까?

   지금 눈앞에 이 책이 보이는데 책이 크기 때문에 실존하는 것이라고는 말할 수 없다. 우리의 두뇌로 들어가는 것은 책에서 반사되는 빛의 자극이지 책 그 자체가 아니다. 거품상자의 궤적은 하전 입자(荷電粒子)가 거품상자 속의 액체 분자를 자극해 이온화(化)시켜 그들 이온이 씨앗이 되어 거품 입자를 발생시키고, 거품 입자가 성장하면 빛을 반사하여 우리들 눈에 보이게 된다는 과정에 의한 것이다. 이것은 우리들이 책을 본다는 과정보다는 복잡하지만 본질적으로 다르다고 말할 수는 없을 것이다.

   「실존이란 무엇이냐?」라는 것은 예로부터 철학자가 다루어 온 문제이지만 그 출발점은 위와 같은 소박한 의문에 있었다. 이 의문에 대한 과학자의 태도는 극히 상식적인 것으로서 우리가 일상생활에서 쓰고 있는 추리 방법의 연장에 지나지 않는다.

   만약 눈앞에 보이는 책이 실존하는지 어떤지 의심스럽다고 생각한다면 우리는 손으로 그것을 만져보면 된다. 그래도 미심쩍다면 곁에 있는 사람에게 물어보아 같은 책이 보이느냐고 확인해 보는 방법도 있다. 모든 것을 점검해 보고서 아무 데도 모순이 생기지 않는다면, 우리는 책이 실존한다는 결론을 내리게 된다. 일단 결론을 내리고 나면 이런 번잡한 짓을 일일이 다시 반복하지는 않게 된다. 실존성의 의문은 의식 바깥으로 밀려나 버린다. 그러나 지금까지 경험한 적이 없는 것과 처음으로 부딪치게 될 때, 이를테면 UFO(Unidentified Flying Objects, 미확인 비행물체)를 보았다고 가정할 때, 우리는 어떻게 행동할 것인가를 생각해 보라. 아마도 위에서 말한 검증 과정이 과연 그렇구나 하고 이해될 것이다.

원자의 실존성도 결국은 마찬가지 프로세스에 의하여 확립된
것이었다. 원자가 이러이러한 성질을 가진다고 가정하여 모든
점검을 통과하게 되면 우리는 원자가 실존한다고 믿게 된다.
그리고 점검의 종류를 늘려감으로써 원자의 성질에 관한 지식
이 정밀해진다. 즉 원자의 실존성을 근본적으로 뒤엎지 않는
범위 내에서 부단히 수정하기도 하고 보충해 나가기도 하는 셈
이다. 만약 가설이 온당치 못하다면 어디선가 금방 결함이 나
타나게 되고 그것을 막기 위해 여러 가지로 잔재주를 부려야
할 것이다. 계속해서 잔재주를 부려야만 하는 가설은 대개의
경우 근본적으로 잘못되어 있는 경우가 많으므로 이런 경우에
는 그것을 백지화하고 다시 출발하여야 한다. 이에 반하여 다
행히도 올바른 가설을 발견해냈다면 모든 수수께끼는 스스로
줄줄이 풀린다. 이것은 이를테면 글자 맞추기 퍼즐을 풀어나갈
때와 흡사하다. 확실하다고 생각되는 쉬운 칸에서부터 출발하
여 여러 낱말을 견주어 본다. 어느 정도 잘 풀려가듯 하다가도
칸을 채우다 보면 어디에선가 모순이 생겨날 때가 있다. 낱말
을 조금 바꿔 보아도 좀처럼 순탄하게 풀리지 않는다. 그러다
가 갑자기 어떤 영감(靈感)이 떠올라 올바른 열쇠를 발견하게
된다. 그 뒤는 거의 자동적으로 술술 풀려간다.

　물리학에 있어서 가설이 이와 같은 상황에 도달했을 때, 우
리는 그것이 진실이며 실존이라고 인정하게 되고 추호도 의심
하지 않게 된다. 그러나 물리학은 완결된 학문체계가 아니고
얼마든지 진전하기 때문에 이러한 평화로운 상태가 언제까지고
계속되는 일은 거의 없다고 해도 과언이 아니다. 어디선가 파
탄이 생겨서 지금까지의 가설이 쓸모없게 되어 버린다. 그래서

18

옛날에 했던 노력을 다시 반복하게 된다. 그러나 위에서와 같이 여러 과정을 거쳐 확실한 검증을 해온 이론체계가 근본적으로 송두리째 뒤집힐 턱은 없다. 다만 새로운 상황 아래서는 지금까지의 체계가 쓸모없어지고 그 대신 지금까지의 이론을 특별한 경우로 포함하는 더 큰 새로운 체계가 필요하게 된다는 것이다.

이제 우리는 이야기를 본론으로 되돌리기로 하자. 원자가 엘리먼트라고 하는 것은 지금도 잘못된 이야기는 아니지만 필자가 학생이었던 시절에는 유카와의 중간자(湯川中間子) 같은 것이 진짜 '소립자'라고 생각되고 있었다. 그런데 지금에 와서는 이들 중간자 대신 '쿼크(Quark)'니 '렙톤(Lepton)'이니 하는 이름이 일반에게 더 잘 알려지게 되었다. 현재의 물리학자에게 물어본다면 이것들이 진짜 '기본 입자'라고 대답할 것이다.

그렇다면 쿼크나 렙톤이란 도대체 무엇일까? 원자나 중간자와 이들의 관계는 어떤 것일까? 이것을 설명하려는 것이 이 책의 목적이며 그것은 또한 20세기 원자물리학의 발전을 말해 주는 것이기도 하다. 그러나 여기서는 그 발전 과정을 시간적으로 더듬어 내려오지 말고 거꾸로 현재에서 출발하여 과거로 거슬러 올라가면서 설명해 보기로 한다.

2장
쿼크와 렙톤

아무도 발견하지 못한 색다른 기본 입자—쿼크

쿼크라는 괴상한 이름은 쿼크 가설 제창자의 한 사람인 겔만 (Gell-mann)이 붙인 이름이다. 그 유래는 나중에 자세히 언급하 겠지만 쿼크는 현재 '기본 입자'라고 여겨지는 입자 중의 하나 로서 아직껏 가상적인 영역을 완전히 벗어나지 못한 입자이다.

위에서도 말했듯이 기본 입자란 현시점에 있어서 엘리먼트, 즉 물질을 구성하는 가장 기본적인 단위적 입자를 가리킨다. 가상적인 영역을 완전히 벗어나지 못했다고는 할망정 현재까지 알려진 여러 현상은 모두 이 가설에 의해 설명되므로 이런 표 현은 약간 신중을 기한 겸손한 표현에 지나지 않을지도 모른 다. 다만 원자나 원자핵, 전자처럼 그 존재를 누구나 절대로 의 심하지 않는 단계에까지는 이르지 못하고 있을 뿐이다.

그렇다면 왜 다소나마 의문이 남아 있다는 것인가? 그것은 쿼크가 이미 잘 알려져 있는 다른 입자에서는 볼 수 없는 독특 한 성질을 지녔다는 데도 그 원인이 있으나 그보다도 그런 입 자를 아직 아무도 발견하지 못하고 있기 때문이기도 하다. 발 견하지 못했다는 것은 아직 1개의 쿼크도 물질 속에서 검출해 내지 못했으며 따라서 그 성질도 확인할 수가 없었다는 뜻이 다. 재래의 입자는 이것과 달리 모두 1개씩 추출하여 직접 그 성질을 측정할 수가 있었다. 원자나 전자는 최초에는 보존법칙 따위에서 추론된 가설이었으나 얼마 안 가 단독으로도 추출되었고 그 질량과 전하(電荷)를 결정할 수 있게 되었다.

쿼크가 만약 단독으로 존재하였더라면 검출이 쉬웠을 것이다. 그것은 쿼크가 지니는 하전량(荷電量)이 단위 전하, 즉 전자나 양성자(陽性子)가 갖는 전하에 비하여 1/3 또는 2/3의 크기를 가졌다고 가정되어 있기 때문이다. 지금까지 알려진 모든 엘리먼트에 관해서는 원자건 전자건 원자핵에서건 전하가 모두 제로이거나 또는 전자가 갖는 기본 전하 e의 정수배(±1, ±2…)였다. 그러므로 어떤 물질 한 덩이를 취하더라도 그 전체 전하는 엄밀하게 e의 정수배여야 했던 것이다.

또 한 가지 중요한 점은 전하의 보존법칙이다. 입자 사이에 반응이 일어나서 이 입자들이 다른 입자로 변화하거나 또는 입자 사이에 전하를 교환하거나 하는 일이 일어날 때 이 과정 전체를 통해 전체 전하는 절대로 변화하는 일이 없다. 이것은 1장에서 설명한 보존법칙의 전형적인 예로서 이것이 진실이라면 최소의 전하를 갖는 엘리먼트가 존재한다는 것은 그리 이상한 일이 아니다. 다만 이와 같은 최소 전하를 갖는 엘리먼트는 한 종류만이 아니다. 실제로 질량이나 기타의 성질에 있어서 서로 상이한 전자, 양성자 또는 그 밖의 ±e의 전하를 가진 입자들이 수많이 존재한다.

쿼크는 지금까지의 소립자에 대하여 부여된 개념과는 달리 ±e/3 또는 ±2e/3라는 전연 색다른 전하를 가진 것으로 가정되고 있다. 즉 전하의 궁극적 단위는 e가 아니고 e/3라는 것이 된다. 그렇다면 전자나 양성자처럼 ±e의 전하를 가진 입자들은 소립자가 아니고 쿼크로부터 구성되어 있는 복합체라는 말일까?

대답은 이러하다. 사실 양성자는 바로 쿼크 3개로 이루어지는 복합 입자(複合粒子)이며 쿼크 이론 또한 본래가 양성자를 복합 입자로 보는 사고방식에 바탕하여 도입된 것이었다. 그러나 전자는 쿼크로부터 만들어진 것이 아니고 여전히 기본 입자라고 생각되고 있다.

무거운 입자, 가벼운 입자, 그 중간의 것

앞에서 쿼크와 렙톤이 기본 입자라고 잠깐 말했는데 전자는 렙톤족에 속한다. 렙톤이란 이름은 '가벼운 입자(輕粒子)'라는 뜻으로 그리스어에서 만들어졌다.

그 밖에 중성미자(中性微子: Neutrino, ν), 뮤온(Muon, μ) 등이 렙톤족에 속하는 기본 입자이지만 전자 이외의 입자들은 일상 현상에서는 그다지 흔하게 나타나지 않는다. 어쨌든 렙톤의 전하는 ±e 또는 제로이다.

가벼운 렙톤에 대하여 '무거운 입자(重粒子)'는 무엇일까? 이것에 해당하는 그리스어는 '바리온(Baryon)'인데 양성자와 중성자(中性子)가 이에 속한다. 양성자, 즉 수소의 원자핵이 전자의 1,800배 정도의 질량을 가졌다는 것은 이미 잘 알려져 있는 사실이다. 중성자(Neutron, n)도 바리온의 하나로서 양성자(Proton, p)와 중성자가 다수 결합하여 여러 가지 원자핵을 만들고, 그 주위에 전자구름(電子雲)을 끌어당겨 중성의 원자(中性原子)가 형성되는 것이다.

양성자와 중성자는 원자핵의 구성 성분이므로 특히 '핵자(核子)' 또는 '뉴클레온(Nucleon, N)'이라 불리는데 바리온은 이들 핵자뿐만 아니라 그 밖에도 람다 입자(Λ), 시그마 입자(Σ), 기

바리온(무거운 입자)과 렙톤(가벼운 입자)

타 불안정한 무거운 입자를 포함한다. 그리고 이들 바리온은 실은 기본 입자가 아니고 3개의 쿼크로 구성되어 있다.

바리온과 렙톤의 중간에 '메손(Meson)' 즉, '중간자(中間子)'족 이 있다. 이것은 유카와(湯川秀樹)가 처음으로 예언했고 현재 '파 이온(Pion, 파이중간자=π)'이라 불리는 것을 포함한다. π중간자 의 질량은 전자의 270배, 즉 양성자의 1/7이므로 중간자라는 이름에 걸맞다.

그러나 무게로 입자를 분류한다는 것에는 사실상 그리 큰 의 미가 없다. 중간자에도 바리온 정도의 질량을 가진 것이 많이 있으며 가벼워야 할 렙톤족의 뮤온의 무게는 π중간자 정도이 고, 최근에 발견된 타우(Tau) 입자(τ)라는 렙톤은 양성자보다 무겁다.

바리온과 중간자를 통틀어서 '하드론(Hadron)'이라 부른다. 그리스어로는 '강한 입자(强粒子)'라는 뜻인데 그 까닭은 서로 강한 상호작용을 하기 때문이다. 강한 상호작용을 낳게 하는 이른바 강한 힘이란 전자기적인 힘이나 중력과는 별개의 힘으로, 원자핵을 결합시켜 주는 힘인 핵력(核力)은 이 강한 상호작용의 일종이다. 두 핵자 사이의 힘은 한쪽이 중간자를 방출하고 다른 쪽이 그것을 흡수하는 중간자 교환 과정에 의하여 생긴다고 여겨진다. 이 방출과 흡수가 번질나게 일어나기 때문에 핵력이 전자기력에 비하여 강해지는 것이다.

쿼크 가설에 따르면, 바리온이 3개의 쿼크로 구성되는 데 반하여 중간자는 2개의 쿼크—실은 1개의 쿼크와 1개의 반(反)쿼크—로 구성된다. '반(反)'이란 말은 지금까지 설명하지 않은 말이지만 모든 렙톤이나 쿼크에 적용되는 말로, 한 입자에 대응하여 '반입자(反粒子)'라는 것이 존재한다. 반입자는 그 이름이 가리키듯이 문제 된 입자와 반대 부호의 전하를 가지며 여러 양자수〔量子數, 나중에 설명할 스트레인지니스(Strangeness): 기묘도 등 입자의 성질을 특징짓는 수〕도 보통은 반대지만 질량은 같다. 말하자면 쌍둥이의 상대방과 같은 것으로서 전혀 별개의 입자라고 딱 잡아떼서 말할 수는 없다. 이를테면 전자에 대한 '반전자(反電子)'는 보통 '양전자(陽電子)'라고 불리고 있으나 이것은 양성자와 같은 전하를 가지고 있더라도 그것과는 아무 관계가 없다.

반전자나 반양성자는 일상적인 세계에서 찾아볼 수 없다. 그 이유는 그 각각이 상대방의 반전자나 반양성자와 만나서 '쌍소멸(雙消滅)'을 일으킴으로써 이 입자와 반입자가 더불어 소멸되

24

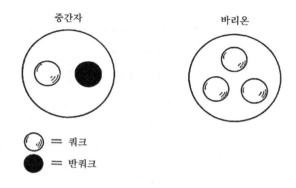

〈그림 2-1〉 중간자(메손)와 바리온

어 버리고 이때 발생하는 에너지가 광자(光子) 따위의 형태로 방출되기 때문이다. 반대로 반입자를 만들자면 입자와 더불어 '쌍생성(雙生成)'을 시켜줘야 한다. 이런 까닭으로 소립자의 종류를 셀 적에 입자와 반입자를 구별하지 않는 경우가 많으며, 이 책에서도 우리는 그 습관을 좇아 쿼크와 반쿼크를 한 묶음으로 하여 그저 쿼크라고만 부르기로 하겠다.

중간자가 쿼크와 반쿼크로 구성된다고 하면 왜 쌍소멸을 하지 않을까? 그것은 쿼크에는 몇 가지 종류가 있어서 일반적으로 같은 종류의 쿼크가 쌍으로 형성되어 있지 않기 때문인데 그에 대한 자세한 논의는 일단 뒤로 미루기로 한다.

지금까지의 이야기를 정리해 보자. 하드론(강한 입자)은 강한 상호작용을 갖는 소립자의 그룹이고 쿼크로 합성되어 있다. 그 가운데서 바리온(무거운 입자)은 3개의 쿼크(따라서 반바리온은 3개의 반쿼크)로 구성되고, 중간자는 2개의 쿼크(실은 1개의 쿼크와 1개의 반쿼크)로 구성된다. 이 이외의 조합은 존재하지 않는

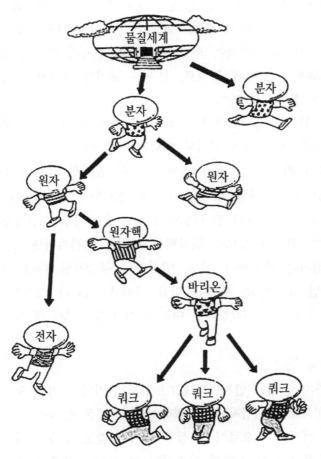

물질세계의 계층구조

듯하며 사실 단독 쿼크 따위는 발견되지 않고 있다.

렙톤(가벼운 입자)족은 전자나 중성미자 등 비교적 가벼운 입자를 포함하는 그룹으로서 강한 상호작용은 갖지 않으며 단독으로도 존재할 수 있다.

일상적으로 볼 수 있는 물질은 궁극적으로 쿼크와 렙톤으로 구성되어 있다고 볼 수 있다. 쿼크가 모여서 바리온이 되고, 바리온이 모여서 원자핵이 되고, 원자핵과 전자가 모여서 원자가 되고, 원자가 모여서 분자로, 분자가 모여서 생물체를 형성한다……는 등등으로 말이다.

이와 같이 물질의 구성은 몇 가지 단계를 거쳐서 이루어진다. 이것은 우주 내에 크기와 에너지의 몇 단계 스케일, 즉 '크기의 정도'가 있다는 것을 의미한다. 이 중에서 크기의 스케일은 분명하다. 원자의 크기는 10^{-8} cm 정도인데 그 세부를 살펴보면 10^{-13} cm 정도의 원자핵과 그 둘레를 감싸주는 전자구름으로 되어 있다. 다음으로 원자핵을 세밀하게 관측하면 그 속에는 양성자와 중성자가 있고, 양성자와 중성자를 다시 세밀히 관측하면 그 안에는 쿼크가 있을 터이다. 그러나 크기란 무엇이냐고 논의하기 시작한다면 여러 가지 문젯거리가 생긴다.

입자의 '크기'란?

한 가지 문제는 양자역학(量子力學)의 원리에 근거를 두는 '파동(波動)'으로서의 입자 확산 현상이다. 파동은 본질적으로 퍼져 나가는 성질의 것으로서, 일정한 크기를 갖고 있지 않다. 그러나 파동을 만드는 방법에 따라서는 그 퍼짐을 조절할 수 있다. 파동을 작은 장소에다 가두어두려고 하면 필연적으로 파장(波長)이 작은 것을 선택해야 한다. 그러면 파장이 운동량에 반비례한다는 드 브로이(de Broglie)의 관계에 의하여 운동량의 요동(搖動: Fluctuation), 따라서 운동에너지의 요동이 커진다. 이것이 하이젠베르크(Heisenberg)의 이른바 불확정성 원리(不確定

性原理)이다. 에너지가 큰 상태일수록 입자를 작은 공간 영역에 국소적(局所的)으로 가두어둘 수 있으므로 입자를 다른 물질에 충돌시켜 그 내부 구조를 조사할 때 그 정밀도를 높이려면 에너지를 크게 만들 필요가 있다.

또 하나의 문제는 입자 사이에 작용하는 힘의 레인지(Range), 즉 도달거리이다. 쿨롱의 힘(Coulomb Force: 전자기력)이나 중력과 같이 거리의 제곱에 반비례하여 차츰 약해지는 힘은 무한대의 도달거리를 가졌다고 말한다. 이것에 반하여 핵력과 같은 '유카와형'의 힘은 유한한 도달거리를 가지며 어느 거리 이상에서는 지수함수적(指數函數的)으로 급격히 약해지기 때문에 도달거리 이외에서는 힘이 실질적으로 작용하지 않는다고 생각해도 된다.

핵력의 도달거리는 10^{-13} cm 정도이며 2개의 핵자가 도달거리 이내로 접근하면 강한 힘 때문에 운동이 교란되므로 사실상 핵자의 크기가 10^{-13} cm인 것처럼 보인다. 일반적으로 하드론 사이의 강한 상호작용은 모두 10^{-13} cm 정도의 도달거리를 가지며 따라서 하드론의 '크기'는 그 종류에 관계없이 10^{-13} cm 정도라는 결론을 내릴 수 있다.

산란 실험으로 알 수 있는 일

어떤 소립자의 구조를 탐색하려는 실험 장치는 그 대부분이 총으로 표적을 쏘는 따위의 실험 장치와 비슷하다. 조사하고자 하는 소립자를 '표적(Target)'으로 생각하고 쏘아 넣는 입자를 '총알'로 삼아서 표적에다 충돌시키면 된다. 총알의 궤도에는 양자역학적인 요동이 있게 마련인데 에너지를 높여주면 이 요동은 얼마든지 작게 할 수 있다. 그러나 표적과 총알 사이의 힘이 유한한 도달거리 안에서만 작용하는 강한 힘일 때 도달거리 이내로 총알이 접근하면 반드시 '명중'하고 만다.

이와 같은 사격 실험으로써 측정할 수 있는 양의 대표적인 것이 '산란단면적(散亂斷面積)'이다. 즉 표적의 크기와 '산란각분포(散亂角分布)', 즉 총알이 표적에 충돌한 후 어느 방향과 각도로 산란되어 나가는가 하는 확률이다. 이것들을 측정하는 데는 일정한 세기의 총알의 흐름(Beam)을 쏘아 넣어 보내고, 어느 각도 방향에다 측정기를 배치하여 그 각도 쪽으로 날아드는 입자의 수를 세어보면 된다. 각도를 바꾸어서 입자 수의 변화를 관측하면 각도 분포를 알게 되고, 모든 각도에서의 결과를 합산하여 입사량(入射量)과 비교하면 단면적을 알게 된다.

물론 산란은 전자와 양성자 사이에서도 일어난다. 하지만 이것은 도달거리가 긴 쿨롱의 힘에 의한 것으로서(쿨롱 산란) 그 각 분포나 에너지 의존성 등이, 강한 상호작용에 의한 산란의 경우와는 상이하다. 쿨롱 산란에서는 표적의 중심으로부터 멀리 벗어나면 방향을 바꾸지 않는 산란이 많아진다[표적의 전하가 퍼져 있을 때는 이 경향이 더욱 두드러진다. 러더퍼드(Rutherford)가 원자 속에 작은 양전하의 핵이 있다고 결론짓게 된 것은 이 원리에 근거한 것이었다].

2개의 입자가 충돌할 때 일반적으로는 단순한 산란뿐만 아니라 다종다양한 반응이 일어날 수 있다는 것은 이미 제1절에서 언급하였다. 예컨대 전자와 양성자의 쿨롱 산란에서도 전자기파, 즉 광자가 몇 개인가 방출될 수 있다. 또 전자를 수소 원자에 충돌시킬 때 전자의 에너지가 일정한 하한선을 넘어서면

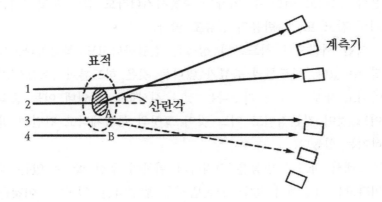

〈그림 2-2〉 표적에 충돌한 총알이 첫 진행 방향에서 벗어나는 각도가 산
란각이다. 만약 표적이 A보다 큰 B의 크기였더라면 A표적에
충돌하지 않고 그냥 통과해 버린 3의 총알도 점선으로 그린
화살표처럼 산란한다. 따라서 입사한 총알 중의 몇 개가 산란
했는가를 세어보면 표적의 크기(전체 단면적)를 알 수 있다

원자를 양성자와 전자로 떼어 놓을 수 있다.

이들을 반응식(反應式)으로 표시하면

$e + p \rightarrow p + e + \gamma,$ $p + e + \gamma + \gamma' \cdots\cdots$

$e + H \rightarrow p + e + e'$

가 된다. e는 전자(Electron), p는 양성자(Proton), γ는 감마선
(Gamma Rays)을 의미한다. H는 물론 수소 원자를 표시한다.

이들 반응은 단순한 '탄성 산란(彈性散亂)'과는 달라서 '비탄성
산란'이라고 불린다. 하드론끼리의 반응의 한 가지 특징은 비탄
성 산란의 확률이나 종류가 많다는 점이다. 즉 A와 B를 충돌
시키면 A, B, C, D, E, F······등 여러 가지 입자가 연달아 나

온다. 그리고 어느 두 입자를 충돌시키더라도 힘의 도달거리는 거의 같고 또 그 반응의 종류도 많다.

이런 까닭으로 하드론의 성질은 간단하다고도 복잡하다고도 할 수 있다. 하드론의 종류가 많다는 것은 하드론이 '소립자'가 아니고 내부 구조를 가졌다는 것을 시사하는 것인데 이들 중의 어느 것이 기본적이고 어느 것이 그것의 복합체라고 간단히 말하기는 힘들다.

그래서 하드론 반응을 정리하기 위하여 우선 할 수 있는 일이라고는 1장에서 말한 보존법칙을 발견하는 일이다. 이것을 통해 반응에 규칙성이 있다는 것을 알게 되면, 다음에는 이것을 설명하기 위하여 적당한 기본 입자를 가정하고 하드론을 그것의 복합체라고 생각한다. 화학 반응의 규칙성으로부터 원자의 가설이 탄생한 것과 마찬가지이다.

실제로 하드론의 경우에도 역사는 같은 과정을 밟아 진전되어 왔다. 사실 이렇게 해서 새로 발견된 보존법칙이 나중에 언급하게 될 'NNG법칙', '나카노(中野)-니시지마(西島)-겔만(Gell-mann) 법칙'이었으며 이때의 새로운 기본 입자가 겔만과 츠바이크(Zweig)에 의하여 도입된 '쿼크'였던 것이다.

3장
쿼크를 찾아서

양성자, 중성자의 구조

2장에서 설명했듯 쿼크는 하드론을 구성하는 기본 입자이다. 하드론족 중에서 바리온은 3개의 쿼크를 함유하며 중간자는 2개(쿼크와 반쿼크)를 함유하는 것으로 생각된다. 겔만과 츠바이크가 독립적으로 제창한 이 쿼크 가설의 가장 특이한 점은 쿼크의 전하가 분수(分數)라는 것이었다. 왜 분수 전하를 가정하기에 이르렀느냐에 대하여는 앞으로 조금씩 설명해 나갈 예정이지만 우선 가장 흔한 쿼크의 두 종류인 u와 d에서부터 시작하기로 한다.

이 기호 u와 d는 각각 up과 down을 뜻하는 기호이며 이 두 쿼크 u와 d는 양성자와 중성자의 성분이 되고 있다. 그런데 원자핵은 양성자와 중성자로 구성되므로 이들 두 쿼크는 결국 모든 원소의 구성요소라고 할 수 있다. 양성자는 전하가 e이고 중성자는 0이다. 따라서 양성자 Z개와 중성자 N개가 집합하여 어떤 원자핵이 되었다고 하면 그 전하는 Ze이다. 이 핵은 다시 Z개의 전자를 주위에 포획하여 중성 원자를 만든다. Z를 그 원자의 원자번호, 양성자와 중성자의 총수 Z+N=A를 질량수라 한다. 이를테면 보통의 수소 원자는 Z=1, N=0, A=1이고 중수소는 Z=1, N=1, A=2이며, 보통의 헬륨은 Z=2, N=2, A=4이다.

원자핵이나 원자의 전체 질량은 구성 입자의 질량 합으로부터 결합(結合)에너지, 즉 아인슈타인(Einstein)의 에너지=질량

$(E=Mc^2)$의 원리에 따라 핵으로 결합될 때에 방출되는 에너지를 뺀 것이다. 그런데 양성자와 중성자의 질량이 다른 기여(寄與)에 비하여 압도적으로 크고 또 양성자와 중성자의 질량 차도 거의 0에 가까우므로 질량수 A=N+Z가 원자핵이나 원자 질량의 가늠이 된다(전자의 질량은 양성자의 1/1,800에 불과하다). 원자의 화학적 성질은 전자의 수인 Z로 결정되고 무게는 A로 정해진다. Z가 같고 A(또는 N)가 다른 원자끼리는 동위원소(同位元素: Isotope)라 불린다. 수소와 중수소가 그 예이다.

양성자와 중성자가 전하 이외에는 그다지 서로 다른 점이 없듯이 쿼크의 u와 d도 전하 이외에는 그다지 차이 나는 성질이 없다.

원자번호와 질량수를 쿼크에 적용하면

$$u : Z = \frac{2}{3}, \quad A = \frac{1}{3}$$
$$d : Z = \frac{1}{3}, \quad A = \frac{1}{3}$$

(1)

이다. 그리고 양성자와 중성자는 각각

$$p = uud$$
$$n = udd$$

(2)

라는 화학식으로 표현된다. 반대로 이 화학식이 성립한다고 가정하고 이것에다 u쿼크와 d쿼크가 질량이 거의 같고 전하가 1 단위만큼 차이가 난다고 가정하면 u와 d의 전하와 질량에 관해 (1)의 대답이 나온다는 것을 쉽게 체크할 수 있다.

그렇다면 왜 3개의 쿼크를 조합시켜야 하는가? 이것에 대한

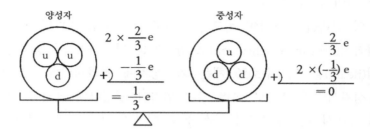

〈그림 3-1〉 양성자와 중성자

대답은 뒤로 미루기로 하겠다. 그러나 어쨌든 양성자와 중성자를 원자핵을 분해함으로써 핵으로부터 끄집어낼 수 있듯이 양성자나 중성자 자체도 쿼크로 분해할 수 있는 것은 아닐까? 그리고 그 결과 전하가 2/3니 -1/3이니 하는 입자를 검출할 수 있는 것이 아닐까?

분수 전하를 갖는 입자 찾기

입자의 전하를 알아내는 것은 비교적 수월하다. 안개상자(Cloud Chamber)나 거품상자 속을 하전 입자가 지나갈 때, 이 하전 입자는 상자 속에 채워둔 매질(媒質, 가스 또는 액체)의 원자로부터 전자를 튕겨내게 하여 이른바 하전 입자의 씨앗을 뿌려놓게 된다. 그 결과 하전 입자가 지나간 자리에 자국이 생겨 안개상자 또는 거품상자 속에 궤적이 생긴다. 이 궤적의 농도는 하전 입자의 전하의 제곱에 비례하며 대체로 속도의 제곱에 반비례하므로 전하가 ±e이고 광속도에 가까운 고에너지인 입자의 궤적은 모두 거의 일정한 농도의 궤적을 만든다. 그러므로 이보다 희미한 궤적이 생긴다면 그 하전 입자의 전하는 e보다 작아져야만 한다.

　이 원리를 사용하여 쿼크를 찾아보기로 하자. 커다란 양성자 가속기(Proton Synchrotron)로 양성자를 가속하여 이 양성자의 빔(Beam)을 액체수소로 채운 거품상자에 통과시킨다. 그러면 양성자끼리의 충돌로 여러 가지 입자가 발생하여 궤적을 남긴다. 그 사진을 분석하여 최소 농도 이하의 야릇한 궤적이 있는지 없는지를 찾아내면 된다(실제는 보다 더 능률적인 방법이 있다). 그러나 그런 입자는 아직껏 검출되지 않았다.

　더 감도가 좋은 것은 옛날에 밀리컨(Millikan)이 전하의 최소 단위 e를 결정했을 때 사용한 기름방울(油滴) 방법이다. 기체 속에 분무기로 작은 기름방울을 뿜어서 떨어뜨리면 중력과 마찰의 균형에 의하여 어느 속도로 느릿하게 떨어진다. 그러나 기름방울은 이따금 기체에 전자를 빼앗기거나 기체로부터 전자를 얻거나 하기 때문에 플러스 또는 마이너스의 전하를 띠게 된다. 따라서 외부로부터 전압을 걸어주면 전기력(電氣力)도 받게 되어 전하가 바뀔 적마다 운동이 변화한다. 밀리컨은 기름방울의 운동을 측정한 결과 전하의 변화가 e를 단위로 하여 일어난다는 것을 발견했고 또한 그 크기를 결정할 수 있었다.

　쿼크가 만약 물질의 어디엔가에 유리되어 존재한다면 어떻게 될까? 쿼크 가설에 따르면 모든 원자핵은 쿼크를 3의 배수만큼 함유하고 있으므로 유리된 쿼크가 다른 원자핵이나 전자와 결합하더라도 전체 전하는 e의 정숫값이 될 수 없다. 설사 쿼크가 불안정하여 무엇으론가 붕괴하려 하더라도 전하의 보존법칙을 깨뜨리지 않는 한, 정수하전(整數荷電)의 입자로 바뀔 수가 없다. 이를테면 d쿼크 쪽이 u쿼크 쪽보다 무거우면 중성자(n)가 양성

자(p)와 전자(e), 반중성미자($\bar{\nu}$)로 베타(β)붕괴하는 것과 같은 반
응이 일어날지 모른다. 두 경우를 식으로 표시하여 보면

$$n \rightarrow p + e + \bar{\nu}$$
$$d \rightarrow u + e + \bar{\nu}$$

가 되어 모두 전하의 보존법칙을 만족시키고 있다. 그러나 u보
다 더 가벼운 쿼크가 없으면 u는 이 이상 더 변화할 방법이
없다. 즉 적어도 쿼크의 한 종류는 안정하다는 결론이 된다. 반
쿼크를 취하더라도 사정은 바뀌지 않는다. 쿼크와 반쿼크는 쌍
소멸하여 정수하전의 중간자가 될 수 있으나 이렇게 하여 쿼크
와 반쿼크를 되도록 많이 상쇄시킨 다음에 더 이상 결합되거나
쌍소멸할 수 없는 쿼크 또는 반쿼크만을 남게 하면 먼저와 같
은 경우로 귀착되고 만다.

그런데 1㎜ 크기의 기름방울을 취하여 그 속에 u쿼크가 1개
만 단독으로 함유되어 있다고 하자. 이런 기름방울이 밀리컨의
실험 장치 속에 있다면 어떻게 될까? 전자를 주고받고 하면 기
름방울의 전체 전하는 2/3, 2/3±1, 2/3±2……로 바뀌어 가지
만 보통의 경우인 0, ±1, ±2…… 때와는 분명히 다를 것이다.

원자의 크기는 10^{-8}㎝=10^{-7}㎜ 정도이므로 1㎜의 기름방울은
$10^7 \times 10^7 \times 10^7 = 10^{21}$쯤의 원자를 함유하고 있다. 즉 10^{21}개에
대하여 1개의 비율로 쿼크 불순물이 있더라도 검출이 가능한
셈이다.

이 밀리컨식 실험은 스탠퍼드대학의 페어뱅크(Fair-bank)와
피자대학의 모르프르고에 의하여 수년 내 계속되고 있다. 하기
는 현대적 방법에서 기름방울은 쓰지 않고 있다. 페어뱅크의

36

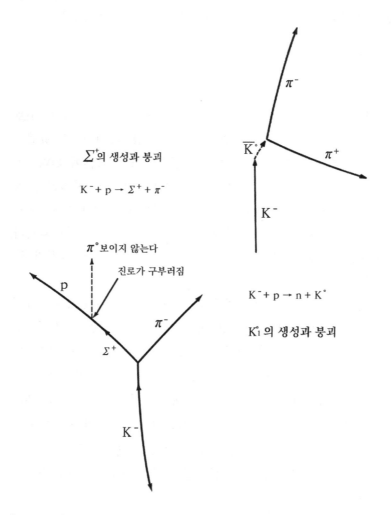

Σ^+의 생성과 붕괴

$K^- + p \to \Sigma^+ + \pi^-$

π°보이지 않는다

진로가 구부러짐

p

π^-

Σ^+

K^-

$\overline{K}^\circ$

π^-

π^+

K^-

$K^- + p \to n + K^\circ$

K_1°의 생성과 붕괴

〈그림 3-2〉 거품상자 안에서의 하전 입자의 궤적. 이것은 K빔이 거품상자
속의 양성자와 반응한 예(사진 Levi-Setti 교수 제공)

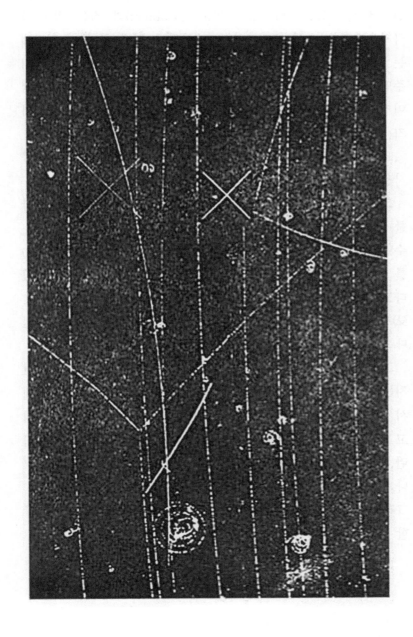

실험에서는 희원소(稀元素) 나이오븀(Niobium)의 작은 알(球)을 극저온으로 낮추어 초전도(超傳導) 상태에 있게 한다. 초전도체는 자기장을 완전히 배척하기 때문에 진공 속에 자기장을 걸어 주면 이 알맹이는 공중에 떠 있게 된다. 그러나 만약 이 알맹이가 대전(帶電)되면 외부의 진동 전압에 의하여 진동을 일으키기 때문에 전하를 측정할 수 있게 된다.

모르프르고의 실험에서는 초전도체 대신 보통의 철구(鐵球)를 사용하고 있지만 그 원리는 동일하다.

그 결과는 어떠했을까? 페어뱅크가 쿼크를 '발견했다'는 기사를 신문이나 잡지에서 본 사람이 있으리라고 생각한다. 그는 수년간 측정을 되풀이하고 있는데 현재까지 13개의 시료(試料)를 다루어 그중의 6개에서 $\pm 1/3$의 분수 전하를 관측할 수 있다고 보고하고 있다〔위의 설명으로도 알 수 있듯이 전자의 수수(授受)가 일어나기 때문에 2/3인 u쿼크와 −1/3인 d쿼크는 식별이 안 된다. 마찬가지로 −2/3인 $\overline{U}$ 와 1/3인 $\overline{d}$ 도 구별이 안 된다〕.

그러나 이 결과가 진짜 쿼크의 존재를 가리키는 것인지 어떤지는 아직 미심쩍다. 가장 이상한 것은 관측 값이 때때로 0에서 $\pm 1/3$로 뛴다는 일이다. 쿼크가 전자처럼 주변에 우글거리고 있어서 공에 달라붙거나 떨어져 나가거나 하지 않는다면 이런 일은 일어날 리가 없을 것이다. 그러나 이것은 모르프르고나 그 밖의 사람들이 한 실험의 부정적인 결과와는 모순된다. 그러므로 유리된 쿼크의 존재는 아직껏 입증되지 않았다고 말할 수밖에 없다.

4장
여러 가지 입자가속기

세게 두들기면 세게 울리는 오묘한 자연

소립자물리학의 상징은 거대한 입자가속기에 있다. 이것 없이는 소립자 실험이 불가능하고, 실험 없이는 물리학의 진보가 있을 수 없다. 물론 소립자물리학의 실험체계 속에도 큰 에너지는 필요로 하지 않지만 그 대신 매우 미세한 효과를 검출하거나 높은 정밀도의 측정을 요구하는 부문도 있기는 하다. 그러나 새로운 소립자나 미지의 상호작용을 탐구하기 위해서는 반드시 관련된 소립자의 에너지를 높여주어야 한다. 질량=에너지라는 관계 때문에 어떤 주어진 에너지의 반응에 의하여 만들어질 수 있는 입자의 질량에는 한계가 있게 마련이다. 그러므로 어느 한 가속기로 실현 가능한 반응을 일단 조사하고 나면 그 기계의 본질적인 역할은 이미 끝났다고 해도 된다. 따라서 그다음에는 다시 한 단계 더 높은 에너지를 내는 가속기를 써서 실험을 해야만 한다……라는 식으로 계속된다.

에너지를 높여주었다고 해서 새로운 발견이 가능하다는 보증이 어디에 있느냐고 질문할지 모른다. 정직하게 말하여 그런 보증은 없다. 그러나 적어도 과거의 경험에 따르면 새로운 가속기가 새로운 입자의 발견을 가져오지 않았던 적은 없었다. 물질을 구성하는 기본적인 극소수의 엘리먼트가 있으리라고 예상하면서 출발했었는데도 불구하고 자연은 늘 우리를 배돌리고 차례차례로 새로운 입자를 들고나왔다. 물론 때로는 통찰력이 뛰어난 이론가가 자연현상 속에 숨겨진 자그마한 열쇠를 간파하고 이러이러한 입자가 있어야 할 것이라고 예언할 때가 있었다. 그러한 좋은 예로는 유카와의 중간자가 있고, 최근의 예로는 글래쇼(Glashow)와 그 밖의 몇몇 사람의 공헌에 의한 참(Charm) 입자(쿼크의 일종) 따위를 들 수 있을 것이다. 그러나 자연은 늘 처음에 예상했던 것 이상으로 그 내용이 풍부하고 복잡하다는 것이 판명되었다. 유카와는 중간자가 한 종류만이라고 생각하고 있었는데도 현재는 무수한 중간자가 있다. 쿼크의 종류는 참쿼크로 마지막일 것이라고 한 이론적 예상을 뒤엎고 요새는 b(Botom)쿼크가 나타났다.

이런 사정이 있기 때문에 그야말로 소립자물리학은 늘 신선하고 우리를 자극해 주고 있다. 또 막대한 국가 예산을 투입하여 거대한 가속기를 건설하는 일의 문화적 가치를 인정할 수 있게도 되는 것이다. 만약 기본 입자란 입자가 모조리 나타나 버렸다고 하면 세계적인 대기업으로서의 고에너지물리는 종말이 될 것이다. 그러나 입자가 모조리 나타나 버렸다는 것을 어떻게 말할 수 있겠는가? 적어도 현재까지의 경험으로는 우리 인간의 눈으로 자연의 심오한 속속들이까지를 단번에 포착한다는 것은 불가능한 것 같아 보인다. 그런 의미에서 우리는 집요하게 탐구를 계속해 나가야 한다.

입자가속기의 원리

여기서 먼저 입자가속기란 어떤 것인가를 설명하겠다. 소립자 실험의 근본 원리는 지극히 간단하다. 2개의 입자를 충돌시켜서 무슨 일이 일어나는가를 관측하면 되는 것이다. 충돌의

결과 일반적으로 여러 가지 입자가 만들어진다. 그중에는 불안
정하여 보통의 경우 물질 속에서는 볼 수 없는 입자도 있다.
이런 입자는 일단 생성된 후 다른 입자로 '붕괴'해 버린다. 무
엇으로 붕괴되느냐, 또 붕괴하기까지의 시간(半減期)이 어느 정
도냐는 것은 최초의 충돌 반응 자체에 관한 정보와 더불어 중
요한 데이터인 것이다.

　가속기의 가장 간단한 예는 TV 수신기의 브라운관일 것이
다. 브라운관은 알다시피 TV의 영상을 만들어내는 부분이다.
진공으로 되어 있는 브라운관 속의 전극(電極) 필라멘트가 가열
되면 전자가 튀어나간다. 높은 전압(15,000V쯤) 아래서 이들 전
자가 일정한 방향으로 가속되어 형광물질을 바른 영상 스크린
에 충돌하면 형광물질 속의 원자를 자극하여 형광 반응을 일으
킨다. 즉 광자(光量子)를 만들어내는 셈이다. 소립자의 실험에서
는 전자뿐만 아니고 양성자(수소 원자핵)나 그 밖의 원소의 원자
핵 따위도 가속되지만 크게 나누어서 전자가속기와 양성자가속
기가 있다. 위에서 든 TV 등의 예에서 전압이 몇 V라고 말했
는데 같은 단위가 입자가속기 경우에도 그대로 사용될 수 있기
때문에 비교하기가 편리하다.

　가속기의 에너지를 나타내는 데도 eV(전자볼트 또는 electron
Volt)라는 말이 쓰인다. 이를테면 페르미(Fermi)가 옛날 시카고
대학에서 사용한 사이클로트론(Cyclotron)은 4.5억 eV(450MeV)
였다. M은 'Mega' 또는 'Million(100만=10^6)'이라는 뜻이다. 이
것은 전극으로부터 전자가 튀어나가 4.5억 V의 전압 아래서 가
속되었을 때 전자가 갖게 되는 에너지 바로 그것이다. 이 에너
지는 전압 V와 전하 e의 곱, 즉 eV와 같다. 양성자도 전자도

플러스(+), 마이너스(-)의 차이는 있으나 같은 전하 e를 가지므로 절댓값은 모두 같다. 바꿔 말하면 사이클로트론에서는 전극으로부터 양성자를 방출해야 하는데 그러기 위해서는 TV의 경우와 반대 부호인 전압을 걸어주면 된다.

원자 속에서 외각(外殼) 전자를 끌어내는 데 소요되는 에너지, 즉 이온화에너지는 대충 말하여 수 eV 정도의 오더(Order)이다 (오더란 크기의 정도만을 문제로 삼는 어림수의 방법이라고 생각해 두면 된다). 따라서 화학 반응의 에너지는 eV의 오더이며 건전지의 전압이 1.5V인 것도 우연은 아닌 것이다.

원자핵의 결합에너지는 이것과 비교하면 매우 크며 100만 eV 정도의 오더이다.

즉 양성자를 다른 원자핵과 충돌시켜서 핵반응(核反應)을 일으키게 하려면 이만한 크기의 운동에너지를 양성자에 걸어주어야 한다. 그러나 100만 V의 전압을 단번에 걸어준다는 것은 기술적으로 무리이기 때문에 자석의 자기장 속에 입자를 포획하여 원운동(圓運動)을 시키고, 그것이 한 바퀴 돌아올 때마다 전압을 가해서 조금씩 가속해 나간다. 마치 그네를 흔들어대기 시작할 때 한 번마다 다리에 힘을 주어 차츰차츰 에너지를 크게 하여 주듯이 말이다. 이것이 로런스(Lawrence)가 발명한 사이클로트론의 원리이다. 한 번에 1,000V의 에너지를 얻는다고 하더라도 1,000번을 반복하면 100만 V에 달한다. 이처럼 가속시킨 입자를 자기장으로부터 개방하여 표적 방향으로 쏘아내고 그 반응으로 생기는 입자를 측정기에 받아내는 것이 고에너지물리 실험의 대부분이라고 하여도 과언이 아니다.

에너지가 1GeV(=10^3MeV, G는 'Giga'로 10^9, 즉 10억을 뜻함)

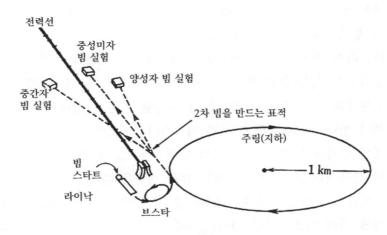

<그림 4-1> 페르미 국립 가속기 연구소

(사진 페르미 국립 가속기 연구소 제공)

이상이 되면 사이클로트론 대신 '싱크로트론(Synchrotron)'이라는 장치가 사용된다. 근본 원리는 마찬가지지만 진공 파이프를 도넛형으로 배치하여 주위를 자석으로 에워싸고 그 속에서 입자를 가속한다. 도넛의 굵기는 수 센티미터에 불과하지만 원둘레의 길이는 수백 미터나 된다. 이를테면 일본의 쓰쿠바(筑波) 고에너지 연구소의 12GeV 양성자 싱크로트론은 반지름이 17m이고 원둘레가 108m나 된다. 또 시카고 교외에 있는 페르미 가속기는 400GeV를 내며 원둘레의 반지름만 1km(원둘레 6.28km)이므로 마치 자동차 경기장과 흡사하다.

이와 같이 에너지를 높여주기 위해서는 가속기의 원둘레 크기를 에너지에 비례하여 크게 해야 한다. 왜냐하면 첫째로 입자는 에너지가 커짐에 따라 구부러지기가 힘들다. 자석의 세기에는 한도가 있으므로 가속기의 곡률반경(曲率半徑)을 크게 취해야 한다. 또 한 가지 이유는 복사(輻射)에 의한 에너지 손실이다. 하전 입자가 운동 방향을 바꿀 때에는 반드시 전자기파를 방사하여 운동에너지를 상실하기 때문에 입자를 가속시키려면 원둘레를 한 바퀴 돌 때마다 이 손실량 이상의 에너지를 보급해야 한다. 이 손실량은 전체 에너지의 4제곱에 비례하고 원둘레의 반지름과 질량의 4제곱에 반비례하므로 전자와 같이 질량이 작은 입자를 가속하는 데는 강한 제약을 준다.

따라서 전자를 가속하기 위한 한 가지 방법은 원둘레를 돌아가게 하지 말고, 직선 파이프 속을 달리게 하면 된다. 그리고 이 직선 파이프 속에서 일정한 거리마다 전기적인 회초리로 때려주어 가속해 나가면 된다. 그러면 달리게 하는 거리와 비례하여 에너지가 올라간다. 이것을 선형가속기(線型加速器: Linear

Accelerator, 줄여서 라이낙)라고 하는데 가장 유명한 예는 스탠 퍼드대학의 부속 연구소 SLAC에 있는 기계일 것이다. 이 기계 로는 25GeV의 전자를 가속시키는 데에 3㎞의 길이가 필요하 다. 일본의 쓰쿠바 고에너지 연구소에서도 현재 2.5GeV의 선 형가속기가 건설 중에 있는데 이 가속기는 전자빔 자체를 얻는 것보다는 그것으로부터 생겨나는 대량의 고에너지 광자를 2차 적으로 만들어내는 '광자(光子)공장'으로서의 역할에 당면 목표 를 두고 있다.

가속기가 이와 같이 수 킬로미터나 되는 규모에 이르게 되면 싱크로트론이건 선형가속기이건 그것을 설치할 땅이나 비용 문 제로 사실상 한계점에 다다르게 마련이다. 옛날 페르미는 반농 담으로 장래에 있을 가속기의 규모를 예언하여 "1984년〔유명한 조지 오웰(G. Orwell)의 소설에 붙여진 제목〕에는 지구의 크기만 하게 되리라"고 말한 적이 있다. 그의 예언이나 오웰의 암담한 예언이 모두 적중하지 않을 것 같다는 게 어쩌면 인류에게는 차라리 다행한 일이라 할지도 모른다.

충돌빔 방식—카운터펀치의 위력

그렇다면 지구 규모의 가속기가 만들어내는 이상의 에너지는 만들 수 없느냐고 하면 그렇지도 않다. 교묘하게 빠져나갈 한 가지 방법이 있다. 그것은 충돌빔 방식이라 불리는 것으로서 이름 그대로 반대 방향으로 달려오는 2개의 빔을 만들어서 정 면으로 충돌시키는 방법을 뜻한다. 즉 총알과 표적의 구별이 없어지고 둘 다 총알이 되어버리는 셈이다. 이를테면 함부르크 의 DESY 연구소에 PETRA라는 가속기가 있다. 원리는 전자싱

46

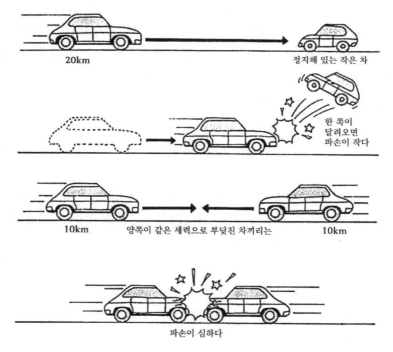

20km　정지해 있는 작은 차

한 쪽이
달려오면
파손이 작다

10km　양쪽이 같은 세력으로 부딪친 차끼리는　10km

파손이 심하다

충돌빔 방식. 멎어 있는 작은 차에 큰 차가 부딪치면 작은 차는 튕겨나
가 파손이 의외로 적다. 그러나 같은 세력으로 부딪친 작은 크기의 차
끼리는 파손이 심하다

크로트론과 같으나 전자빔과 양성자빔을 준비하여 반대 방향으
로 원둘레를 달려가게 한다. 전하가 서로 반대인 두 입자는 자
기장 속에서 서로 반대 방향으로 구부러지므로 안성맞춤이다.
각각의 운동에너지가 이를테면 15GeV라면 양쪽이 충돌하여
정지했을 때는 30GeV가 반응에너지로 변화할 수 있는 셈이다.
　이 방식의 가속기는 고정가속기와 비교하여 단순히 에너지가
2배로 되었을 뿐이냐 하면 그렇지 않다. 고정가속기의 경우 표

적에 총알을 쏘아 넣어도 총알의 운동에너지가 전부 반응에너지로 사용될 수 있는 것은 아니며, 일부는 표적을 튕겨내는 반도(反跳) 운동에너지로 쓰여 버린다. 표적이 총알에 비해 무거우면 반도에너지가 작지만, 가벼운 표적일 때는 고정형 가속기의 능률이 매우 나쁘다는 것이 쉽사리 이해될 것이다. 이런 사정은 총알이 광속도에 접근할수록 점점 더 심해진다. 그것은 상대론적 효과에 의하여 총알이 점점 더 무겁게 행동하기 때문이다. 따라서 유효(有效)에너지로서는 총알의 에너지 E 대신 중심(重心)에너지 W라는 것을 취해야 한다. 고정가속기에서 중심에너지는 총알에너지의 제곱근(平方根)에 비례한다. 즉 총알에너지를 4배로 하더라도 중심에너지는 2배로밖에 늘지 않는다. 이것에 반하여 충돌빔처럼 양쪽 입자의 무게 중심이 정지해 있을 경우에는 W=2E, 즉 중심에너지는 총알에너지에 비례하여 올라가게 되어 있다. 이를테면 페르미 가속기의 450GeV 양성자빔을 정지해 있는 수소 표적에 충돌시켰을 경우의 중심에너지를 계산해 보면 30GeV에 불과해진다. 즉 PETRA의 충돌빔 방식으로 15GeV의 전자를 정면으로 충돌시킬 경우와 실효(實效)에너지 면에서는 다를 바 없게 된다.

물론 양성자끼리의 충돌의 경우와 전자끼리의 충돌의 경우는 하드론끼리의 강한 상호작용과 렙톤끼리의 상호작용 사이에 차이가 있으므로 두 실험은 전혀 별개의 결과를 지니게 된다. 그러나 전자끼리의 반응의 경우 실제 문제로서 충돌빔에 의한 것 이외에는 이만한 에너지에 도달할 방법이 없다. 왜냐하면 전자는 양성자의 약 1/2,000의 질량밖에 갖지 않으므로 전자를 표적으로 사용하는 경우 그 반도가 매우 커지기 때문이다.

　반면에 충돌빔 방식의 약점은 반응 빈도가 매우 적다는 점이다. 이것은 기관총의 총알을 큰 표적에다 쏘아 넣는 것과 두 총알을 공중에서 충돌시키는 것과의 차이를 생각한다면 이해가 갈 것이다. 능률적으로 하기 위해서는 빔의 강도를 높이는 동시에 되도록 그것을 집중시켜 밀도를 높여서 가느다란 빔으로 만들어야 한다. 그러나 그것에도 한계가 있으므로 만들어진 빔을 당장 사용하지 않고 축적해 두기도 한다. 즉 진공의 도넛형의 관 속을 뱅글뱅글 돌아가면서 충분히 축적될 때까지 기다리게 하는 방법이다.

　이상으로 대충 현재의 가속기가 어떤 것인지 그리고 그 원리가 무엇인가 하는 것만은 설명되었을 것으로 생각한다. 다시 한 번 정리하면 다음과 같다.

　가속 방식으로 구별하면 싱크로트론과 라이낙(선형가속기)이 있으며, 실험 방식으로 구별하면 고정표적과 충돌빔 방식이 있다. 또 가속하는 입자로 구별하면 양성자가속기와 전자가속기가 있다. 충돌빔형에서는 입자빔을 갖가지로 조합하여 양성자-양성자, 양성자-반양성자, 전자-전자, 전자-반전자, 양성자-전자 등등의 충돌형을 생각할 수 있으나 이 중에서 현존하는 것은 양성자-양성자형(제네바에 있는 유럽 공동연구소 CERN이 가진 ISR이라 불리는 것)과 전자-반전자형(위에서 말한 함부르크의 PETRA가 최대)뿐이다. 그러나 양성자-반양성자형의 큰 기계도 현재 CERN에서 거의 완성 단계에 있다. 일본의 쓰쿠바 고에너지 연구소에서 계획되고 있는 TRISTAN은 애초의 예정을 바꾸어 전자-반전자형이 될 것 같다.

　이렇게 차례차례로 큰 에너지를 지향하는 가속기의 건설은 세계적인 경쟁을 불러일으키고 있다. 페르미의 농담이야 어찌 되었든 간에 로런스가 사이클로트론을 발명한 이래, 50년 사이에 가속기의 에너지는 7~8년마다 10배의 비율로 상승하여 바야흐로 TeV(T는 'Tera', 10^{12} 즉 1조)의 오더에 다다르고 있는데 이것은 기술의 진보에 힘입은 바 크다. 새로운 방식이 번질나게 등장하는 덕택에 건설 코스트는 그다지 크게 올라가지 않고 있다. 그러나 이와 같은 다행한 사정이 언제까지 계속될지는 모를 일이다.

5장
유카와 이론의 탄생

원자에서 원자핵으로

원자의 구조와 성질에 관한 이론은 양자역학의 출현으로 완성되었다. 이보다 조금 앞서 원자가 무엇으로 구성되어 있느냐는 실체적(實體的)인 문제는 1911년, 러더퍼드의 멋진 추론에 의하여 분명해졌다. 그는 알파(α) 입자(헬륨 원자핵)의 원자에 의한 산란 실험에 바탕하여 원자의 중심에는 양전하(陽電荷)를 갖는 무거운 핵이 있고, 몇 개의 전자가 그 둘레에 구름을 형성하고 있다고 결론지었던 것이다. 그러나 전자가 이 구름 속에서 실제로 어떤 운동을 하고 있는지, 그리고 또 왜 전자가 가속도운동을 하고 있을 터인데도 불구하고 전자기파를 복사함으로써 서서히 에너지를 상실하지 않는지에 대해서는 고전적인 전자기역학으로 이해할 수가 없었다.

1912년 보어(Niels Bohr)는 양자론(量子論)적인 원자 모형을 도입하여 전자는 '양자화(量子化)'된 특정 궤도 위에서밖에 운동할 수 없으며, 복사할 때는 반드시 한 궤도에서 다른 궤도로 갑자기 비연속적인 도약을 한다는 대담한 가정을 내세웠다. 이 가설에 의하여 원자가 내는 빛의 스펙트럼의 성질이 대충 설명되었다. 그러나 이 이론은 아직도 과도적인 이론에 지나지 못했었다. 1925년과 1926년에 하이젠베르크와 슈뢰딩거(Schrödinger)에 의하여 발견된 양자역학이 출현함으로써 비로소 원자의 성질은 본질적인 이해에 도달한 것이다.

간단히 말해 그들의 이론에 의하면 전자와 같은 입자는 파동과 같은 성질도 아울러 가지며, 원자핵 주위에 일종의 정상파(定常波)를 만들어야 하기 때문이란 것이다. 이것을 일상적인 현상에다 비유하면 피아노나 바이올린의 현(弦)이 일정한 조건에서는 고유 진동수, 즉 기본 진동수나 그 정수배의 배음(倍音, Harmonics)밖에 내지 못한다는 사실과 닮아 있다. 마찬가지로 원자 속의 전자파(電子波)에 대해서도 같은 사정이 존재하며 그 고유 진동은 슈뢰딩거의 파동 방정식(波動方程式)에 의하여 결정된다는 것이다.

양자역학은 원자가 갖고 있었던 여러 수수께끼를 해명하는 동시에 물리현상의 기술 방법에도 큰 변혁을 가져왔다. 뉴턴(Newton) 이래의 고전적인 운동법칙을 대신하여 양자역학적인 법칙이 사용되어야 하는데, 이 새 이론에서는 방정식이 다소 변경된 정도가 아니라 기술 방법 자체가 달라지게 되어 있다. 즉, 이 새 이론에서는 입자의 위치나 속도가 어떻게 되는지가 문제가 아니고, 이 입자들의 확률 분포를 부여하는 확률진폭(確率振幅)이 어떻게 되는지를 결정하는 것이 운동법칙이 된다는 것이다. 그러나 이 책은 양자역학을 설명하는 것이 목적이 아니므로 이 문제에 관해서는 개입하지 않기로 한다. 애초 양자역학의 이야기를 끌어낸 것은 그것들의 적용 범위에 대하여 과거의 물리학자가 어떻게 생각하고 있었는가를 문제 삼고 싶었기 때문이다.

양자역학에 의하여 원자의 물리 문제는 해결되었다. 즉 원자의 성질은 원자핵과 전자로 이루어지는 역학계(系)에 양자역학을 적용하면 설명이 가능했던 것이다. 그러나 원자핵의 내부에 대해서는 아직도 모르는 것이 많았다. 원자핵은 소립자가 아니고 많은 양성자와 중성자로 성립되는 것 같았으나 그것들을 결합하는 힘은 전자기력이 아니고 전혀 새로운 성질의 힘처럼 보였다. 따라서 그 기술 방식도 양자역학으로서는 불가능할지도 모른다. 에너지의 스케일도 크게 다르다. 원자 안에서 전자의 운동에너지는 기껏해야 수 eV 정도이고 이 에너지에 해당하는 전자파의 파장은 대략 10^{-8} cm, 즉 꼭 원자만 한 크기였지만, 원자핵 안 핵자의 경우는 에너지도 파장도 대충 100만의 오더만큼 달랐다. 그러므로 원자핵의 구조를 해명하는 데는 이러한 사정들을 모조리 고려해야 하며 그 해결이 쉽지 않을 것이라는 게 유카와가 나타나기 전 물리학자의 마음 깊숙이 존재했던 불안이었던 것 같다.

어느 의미에서는 이것이 옳았다. 현재도 핵력의 상세한 성질을 기본 방정식에서 이끌어 낼 수는 없다. 핵자 자체가 이미 소립자로 간주되지 않기 때문에 이 문제는 말하자면 복잡한 고분자(高分子)의 성질을 슈뢰딩거의 방정식에서 출발해 결정해 내라는 것과 다를 바 없었으므로 도대체가 무리한 이야기였다.

필자의 견지로 유카와의 공적은 기존의 이론체계, 즉 양자역학과 상대론(특수)이라는 두 이론을 어디까지나 신뢰하고 핵력과 같은 도달거리가 매우 짧은 힘을 이 체계 속에서 어떻게 기술할 수 있는지를 일반적인 문제로 채택한 데에 있었다고 본다. 이와 같은 접근의 결과로 이끌어지는 대답은 미지의 입자의 존재를 요구한다. 그러나 이것이 논리적으로 자연스러운 귀결이라면 설사 실험적인 증거가 하나도 없다고 한들 두려워할 것은 없다.

54

그 후 역사의 발전은 실제로 유카와의 예언이 옳았다는 것을 입증하였다. 유카와 자신이 말한 그 당시의 심경을 여기에 인용하겠다.

돌이켜 보면 1934년 가을 핵력의 이론적 귀결로서 중간자의 존재에 생각이 미쳤던 당시의 내 마음은 이상하리만큼 자신에 넘쳐 있었다. 오늘날에는 물리학의 이론이 가설 위에 성립된다고 하는 푸앵카레(Poincaré)식의 사고방식이 상식이다. 나도 그렇다고 생각한다. 그러나 그렇다고 해서 자명한 진리로부터 출발하라고 말한 데카르트(Descartes)의 주장이 무의미해 졌다고는 생각하지 않는다. 지속적으로 그리고 약간 이상하리만큼 한 가지 문제에 몰두하여 사고력을 집중시키고 있는 과정 가운데서 돌연히 생각이 미쳤던 일 하나가 자명한 것처럼 내다보이기 시작한다. 따라서 거기에는 자신도 솟아난다. 그것을 더욱 추진시키려는 의욕도 생겨난다. 그것은 객관적으로는 그것의 결론과 경험적 사실과의 대비(對比)를 통해 비로소 옳고 그릇됨이 판정되어야 할 성질의 가설이었다. 그러나 당사자에게는 적어도 초기의 어느 기간 동안 그것은 "그 밖의 가능성을 전연 생각할 수 없는 진실"이었던 것이다. 그러한 양면성의 한쪽밖에 인정하지 않는 사람과는 창조성, 특히 이론물리학에서의 발견이란 무엇이냐에 대하여 필경은 더불어 이야기할 수가 없다.

유카와의 중간자 이론

그렇다면 유카와의 중간자 이론이란 어떤 것인가? 그것을 다음에 설명하기로 하겠다. 핵력을 고찰함에 있어 우선 출발점이 되는 것은 이미 우리가 잘 이해하고 있는 힘, 즉 전자기력과 중력이다. 위에서 말했듯이 이 힘들은 무한한 도달거리를 갖는 힘으로서 그 퍼텐셜에너지는 거리에 반비례한다. 이 사정은 수학적으로 말하면 정전기장(靜電氣場)도 중력장(重力場)도 라플라스(Laplace)의 미분방정식을 좇는다는 것에 유래된다. 그러나 라플라스의 방정식은 힘의 원천점이 정지하고 있는 특별한 경우에 적용되는 데 불과하며, 더 일반적으로 전자기장의 경우는 맥스웰(Maxwell)의 방정식, 중력장의 경우에는 아인슈타인의 방정식으로 기술되어야만 하는 것이다. 이들 방정식의 한 가지 특징은 광속도로 전파(傳播)되는 파동이 그 해답으로 존재한다는 점이다.

19세기 후반에 들어와 맥스웰은 패러데이(Faraday)와 그 밖의 선각자들이 발견한 전자기 현상의 여러 법칙을 종합하여 수학적인 보정(補正)을 가하고 모순 없는 체계를 만드는 데 성공했는데, 그 결과 위에서 말한 파동의 존재가 자동적으로 귀결되었다. 그리고 이 파동의 전파속도(傳播速度)가 우연히도 광속도와 일치하는 데서 빛이 맥스웰의 전자기파임이 틀림없다고 추론하고 이윽고 그것은 실험적으로 확증되기에 이르렀다.

맥스웰의 전자기 이론은 장(場, Field)의 이론이라 불린 최초의 예였다. 오늘날 모든 힘은 힘의 장이라는 양(量)에 의해서 기술된다. 그것은 쉽게 말해 어느 시공(時空)의 한 점에(어느 장소에서 어느 시각에) 시료(試料)를 두었을 때 그것에 작용하는 힘의 크기를 결정해주는 것으로서, 힘의 장이란 시공이라는 매질의 각 점의 성질을 반영하는 것이다.

이것에 반해서 뉴턴의 중력 이론에서는 두 질점(質點) 사이의 중력은 두 질점들이 직접 서로 작용하는 '원격작용(遠隔作用)'의 결과라고 여겨졌다. 그러나 이것을 힘의 작용이란 개념을 써서 다룰 수도 있다. 즉, 제1의 질점이 그 둘레 공간에 영향을 미쳐 중력장을 만들고, 이 중력장이 제2의 질점에 힘을 미친다고 해석해도 된다. 이른바 중력의 퍼텐셜이 이 장이다.

장의 입장과 원격작용의 입장은 위의 예에서 본 바와 같이 반드시 서로 배반되는 것은 아니다. 그러나 맥스웰의 전자기장 이론에 이르러 전자기력이 유한한 속도로 '전파'된다는 것을 알게 되자 매질이 갖는 힘의 장이라고 하는 사고방식 쪽이 당연히 유력해졌다. 맥스웰의 방정식에는 이 매질의 성질을 규정하는 중대한 열쇠가 포함되어 있다. 빛의 속도가 좌표계(座標系)에 의하지 않는다는 것은 그중에서도 가장 두드러진 것이겠지만 이 열쇠의 존재를 간파하고 그것이 전자기장뿐만 아니라 모든 현상에도 적용되어야 한다고 주장한 것은 아인슈타인이 처음이었다. 즉 그의 '특수상대론'에 따르면 시공의 성질이 맥스웰의 방정식을 규정한 것인 만큼 만약 다른 장이 존재한다면 그것도 역시 같은 제약을 좇아야만 한다는 것이다.

아인슈타인은 질점의 운동이 특수상대론을 따른다는 것을 명백히 했지만 양자역학에서는 입자도 파동의 성질을 지닌다. 그리고 이 파동을 기술하는 파동함수(波動函數)도 일종의 장이라고 생각하여도 된다. 파동함수는 슈뢰딩거의 방정식을 만족시키는데 이것은 뉴턴의 고전역학을 양자역학으로 번역한 것이므로 특수상대론의 테두리 속에는 들어가 있지 않다. 즉 슈뢰딩거의 방정식은 비상대론적인 양자역학에 머물러 있는 것이다.

상대론적 양자역학

그렇다면 상대론적 양자역학은 어떤 형태를 취할까?

슈뢰딩거의 방정식에 대체되는 것은 무엇일까? 이 대답은 디랙(Dirac)*에 의하여 처음으로 주어졌다. 전자의 파동함수를 규정하는 디랙의 방정식이 그것이다.

디랙의 방정식은 슈뢰딩거의 방정식에는 없었던 새로운 성질을 여러 가지 포함하고 있다. 이를테면 디랙의 전자는 스핀(Spin)이라는 속성을 지니고 있으며, 그것은 어느 의미에서는 팽이와 같은 자전(自轉)을 나타내는 것이라고 생각된다. 또 빛의 편광(偏光)과 같은 내부 상태를 나타내는 것이라고 생각해도 된다. 어쨌든 스핀은 전자의 고유 각운동량에 해당하며 그 크기는 플랑크(Planck)의 단위(플랑크 상수, $\hbar$)로 재서 1/2이고, 그 방향은 상향(+1/2)과 하향(-1/2)의 두 가지가 있다. 이 두 방향

* **디랙**(P. A. M. Dirac)
영국 출신. 양자역학의 형성에 공헌한 주요 인물이다. 천재적인 타입의 인물로서 그의 업적은 수학적인 아름다움과 심오함에 있어 가히 독보적이다. 전자(電子)를 상대론적으로 기술하는 디랙 방정식은 그가 26살 때 발견했다. 이 식에 음에너지에 대한 해석이 있다는 곤란성을 구제하기 위해, 음에너지 전자=양에너지 양전자라고 하는 해석 방법을 생각해내어 이른바 반입자(反粒子)의 존재를 예언했다. 1933년 노벨상 수상 이후 장(場)의 양자론 발전에 수많은 기여를 해 왔는데, 중요한 화젯거리로는 단자극(單磁極, Monopole) 이론(1931)이 있다. 그는 디랙 방정식에 의해 스피너(Spinor)의 수학을, 모노폴에 의해 섬유다발(Fiberscope)의 수학을 수학자와는 별도로 독립적으로 창조했다. 단자극의 논문 가운데서 말하고 있듯이 "수학적으로 우아하고 아름다운 이론을 자연이 채용하지 않을 턱이 없다"라고 하는 것은 그의 신조(信條)일 것이다. 미국 플로리다에서 은퇴한 후 가끔 학회에 나가서 강연도 했다. 원고 없이 한마디도 헛되이 말하지 않는 화술은 그의 논문처럼 우아하기만 하다.

에 대응해서 전자의 파동함수는 두 개의 독립적인 상태만을 갖는다. 다만 어느 방향을 위라고 결정하는 것은 물론 임의이며, 빛의 경우 편광을 서로 수직인 두 방향으로 분해하는 것과 사정이 같다.

전자의 스핀은 디랙이 처음으로 이끌어낸 것이 아니며 그 이전에 원자의 스펙트럼 등을 설명하기 위하여 이미 가정되어 있던 것이지만 디랙의 방정식으로부터 자동적으로 나왔다는 것은 상대론적 양자역학의 빛나는 승리였다.

스핀 이외에 디랙 방정식이 가져다준 새로운 결과는 '반전자(反電子)' 또는 '양전자(陽電子)'라 불리는 입자의 존재이다. 즉, 전자의 어느 한 상태에 대응해서 반대 전하를 가진 양전자의 상태도 디랙의 파동함수 속에 포함되어 있다. 전자(e^- 또는 e)와 양전자(e^+ 또는 $\bar{e}$)가 충돌하면 산란도 하지만 때로는 양쪽이 모두 소멸하여 몇 개의 광자(γ)로 바뀌어 버릴 수도 있다. 반응식으로 쓰면

$$e^- + e^+ \rightarrow e^{-\prime} + e^{+\prime}$$
$$e^- + e^+ \rightarrow \gamma + \gamma^{+\prime}$$

등이 된다.

이들 반응은 물론 반대로도 진행된다. 즉 충분한 에너지가 있으면 플러스, 마이너스의 전자쌍을 새로 만들어 낼 수 있다. 양전자는 미국의 앤더슨(Anderson)에 의하여 1932년에 발견되어 디랙 방정식의 훌륭한 실험적 확인이 되었다. 그러나 우리의 일상세계에 전자만이 나타나고 좀처럼 양전자를 볼 수 없는 것은 좀 이상하다고 생각할 것이다. 실은 양전자가 존재하더라

도 전자와 만나게 되면 그 즉시 쌍소멸을 해버리기 때문이라는 것이 보통 말하는 대답이지만 그렇더라도 이 세계에 전자 쪽이 이렇게 남아 있는 것은 무슨 까닭일까? 이와 같은 사실은 양성자와 반양성자의 입장에서도 말할 수 있는데 이 문제를 추궁하자면 결국은 우주의 기원에까지 거슬러 올라가야 한다. 그러나 그것에 대해서는 나중에 다시 논의하기로 한다.

이야기를 상대론적 양자역학의 일반론 쪽으로 진행시키기로 하자. 디랙의 방정식이 갖는 두 가지 특징이 스핀과 반전자의 존재라고 하는 것을 위에서 설명했었는데, 디랙 방정식이 유일한 상대론적 방정식인 것은 아니다. 전자기장을 기술하는 맥스웰의 방정식도 그것의 하나이다. 양자론에서는 고전적인 장도 입자의 성질을 가지며 또 고전적인 입자(질점)도 장(파동)의 성질을 가지므로 양쪽을 통일하여 다뤄야 한다. 그 결과 다음과 같은 사실이 성립된다는 것이 밝혀져 있다.

전자나 광자와 같은 소립자가 갖는 기본적인 속성은 질량, 스핀, 전하인데 이것을 결정하면 적당한 파동 방정식으로 그 운동을 기술할 수 있다. 그리고 1개의 입자에 수반하여 일반적으로 그에 대응되는 반입자도 존재해야 하고, 입자와 반입자는 서로 반대의 전하를 갖는다. 다만 입자 자신이 그 자신의 반입자인 경우도 있다. 이를테면 전자기파의 양자(量子)인 광자는 그런 경우에 속한다. 이때 전하는 물론 제로여야 한다. 그러나 광자의 전하가 제로라는 것과, 하전 입자가 광자(전자기파)를 복사하는 것과 혼동해서는 안 된다. 전자의 뜻은 빛 자신이 빛의 원천이 되지 않는다는 것을 뜻한다.

입자의 질량은 물론 각각 소립자의 고유한 것으로서 특히 0

이어도 무방하다. 이런 경우, 입자는 언제든지 광속도로 달려간다. 빛이 그 전형적인 예인데 그 밖에도 중력의 양자인 중력자(Graviton)도 아직은 관측되지 않았지만 제로 질량일 것이다. 지금까지 물질 입자 중에서는 중성미자(Neutrino)의 질량이 제로라고 생각했으나 최근에 와서 이것이 의심스럽게 되었다(21장).

다음은 스핀의 문제로 옮겨 가 보자. 전자의 스핀은 위에서 말한 대로(ℏ의 단위로) 1/2이며 상향(+1/2)과 하향(-1/2)의 두 종류의 상태를 갖는다. 광자의 경우에는 그 스핀이 1이라고 한다. 위에서 스핀은 빛의 편극(偏極) 또는 편광(偏光)과 같다고 비유하였는데 실제로 빛의 편광=스핀인 것이다. 다만 빛은 멎게 할 수가 없으므로 상향이나 하향이라는 말은 쓸 수가 없다. 광자가 달려가는 방향을 따라서 우회전과 좌회전의 원편광(圓偏光)이 갖는 각운동량이 각각 ±1로서 이것이 전자의 두 스핀 상태에 대응한다.

그렇다면 스핀은 1/2이나 1뿐이냐고 하면 그렇지는 않다. 원칙적으로는 0, 1/2, 1, 3/2……등등 얼마든지 있을 수 있다. 일반적으로 스핀이 j라면 질량을 갖는 입자일 때는 2j+1개의 상태가 존재하고, 스핀의 어느 방향으로의 성분은 j, j-1, j-2……, -j만큼의 값을 취할 수 있다. 이를테면 스핀이 1이라면 성분은 1, 0, -1이다. 질량이 없는 광자와 같은 경우는 ±j의 두 성분밖에 없다.

또 전자론에는 파울리(Pauli)의 스핀통계의 법칙이라는 것이 있어서 0, 1, 2…… 등 정수스핀과 1/2, 3/2…… 등 반기수(半奇數)스핀과는 전혀 다른 그룹을 형성한다. 간단히 말하자면 반기수스핀인 입자는 전자와 같이 고전적으로도 입자로서 존재하고 이른바 물질의 구성요소다.

이것에 반하여 고전적으로 파동 또는 힘의 장으로서 나타나는 전자기장과 같은 것의 양자는 정수스핀을 갖는다(그러나 그 반대가 성립되지 않는다는 것은 나중에 설명하겠다).

또 하나의 구별은 양자통계(量子統計)에 관한 것으로 스핀이 반기수인 입자는 페르미 통계를 따르고, 정수인 것은 보스(Bose) 통계를 따른다고 한다. 이것도 간단히 설명하면 페르미 통계에서는 2개의 입자가 같은 상태를 동시에 취할 수가 없다. 이를테면 같은 장소를 차지하여 같은 스핀 방향을 가질 수 없다. 즉 많은 입자가 같은 상태로 중합(重合)하여 존재할 수 없는 셈이며 우리의 상식적인 '물질'의 개념에 들어맞는다.

보스 통계의 경우, 반대로 같은 상태를 취할 수 있는 입자의 수에는 전혀 제한이 없다. 이것은 같은 형태의 파동을 몇 개나 중합하면 진폭이 얼마든지 커진다는 것으로 해석할 수 있다. 그러므로 광자 1개는 매우 작은 에너지를 가지고 있어 일상적인 관측에는 잘 안 걸리지만 그것들이 많이 모이면 일상 현상에서 전자기파로서 관측할 수 있게 된다. 이것의 두드러진 예가 레이저(LASER)로서 완전히 같은 상태인 광자의 막대한 수가 모여서 만들어진 빛이라고 생각해도 된다.

페르미 통계를 따르는 입자는 페르미온(Fermion: 페르미 입자), 보스 통계를 따르는 입자는 보손(Boson: 보스 입자)으로 불리고 있으므로 앞으로는 이 용어를 쓰기로 한다. 페르미온이란 명칭은 유명한 페르미에서 또 보손은 인도의 물리학자 보스(M. K. Bose)에서 연유된 것이다.

전자와 광자 외에 소립자로서 핵자와 그것의 집합인 원자핵이 존재하는데, 지금까지 설명한 일반 원칙은 이들 입자에도 적용된다. 이를테면 핵자, 즉 양성자와 중성자는 스핀이 1/2인 페르미온이고 그것들의 반입자, 즉 반핵자인 상대와 더불어 디랙 방정식에 의해 기술된다. 이것에 반하여 양성자와 중성자가 결합한 중수소핵은 스핀이 1인 보손이다. 그러나 이 경우 고전적으로는 역시 물질 입자이지 힘의 장은 아니다. 그러므로 페르미온과 보손의 차이를 입자냐 장이냐로 구별하는 것은 온당치 못하다. 다만 이것은 중수소핵이 복합 입자이고 진짜 소립자가 아니기 때문이라고도 말할 수 있다. 이를테면 전자와 양성자가 결합한 수소 원자도 위와 같은 의미에서는 보손이다.

중간자에 이르는 발상

그렇다면 광자 말고도 소립자로서의 보손이 있을까? 만약 있다면 그것은 어떠한 힘의 장으로서 나타나야 할 것이다. 이를테면 핵력은 어떨까? 위의 일반론에 의하면 보손도 질량을 가질 수 있다. 질량을 가진 스핀 0인 보손에 대응하는 클라인-고든(Klein-Gordon)의 파동 방정식이라는 것을 적어보면, 이 방정식은 도달거리가 짧은 힘의 장을 나타낸다는 것을 알게 된다. 즉 도달거리는 보손의 질량에 반비례하고 콤프턴 파장(Compton Wavelength)이라 불리는 것과 같아진다.

핵력은 바로 이와 같은 성질을 가진 그 무엇이다. 그러므로 핵력의 장은 클라인-고든의 파동 방정식으로 기술되고 그 양자는 질량을 가진 보손으로 존재하는 것이 아닐까? 핵력의 도달거리는 대충 알려져 있으며 원자핵의 크기인 10^{-13} cm 정도이다. 이것으로부터 역산하면 핵력을 중개하는 장의 양자 질량은 전

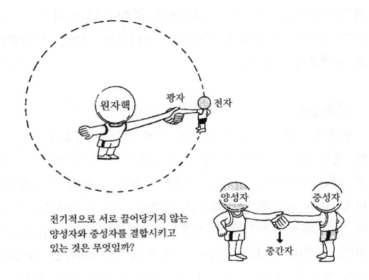

전기적으로 서로 끌어당기지 않는
양성자와 중성자를 결합시키고
있는 것은 무엇일까?

자의 약 200배(또는 핵자의 1/10) 정도가 된다. 이것이 유카와
의 추론이었다. 당시는 이러한 보손이 알려져 있지 않았으나
유카와는 대담하게도 그 존재를 예언하고 그것을 중간자
(Meson)라고 명명하였다. 핵자와 전자의 중간 질량을 가졌다는
뜻이다.

　유카와 이론이 나온 것은 1935년이었다. 양자역학이 탄생한
1925년으로부터 10년이 지나고 있었다. 그 사이에 원자핵에
관한 지식도 진보했고 양성자와 중성자가 핵의 성분이라는 것
도 알려져 있었다. 또 양전자도 발견되었다. 그러므로 유카와
이론이 나와도 될 만한 시기였던 것은 확실하나 그래도 좀 더
일찍 나왔어야 하지 않았을까?

　나중에 와서 이런 비판을 한다는 것은 누구라도 할 수 있는
일일지 모른다. 그러나 그 당시의 사람들은 어떻게 생각하고

있었던가를 검토해 보는 것도 좋은 교훈이 될 터이므로 여기서 잠깐 우리는 1930년대 전반기에 물리학의 세계는 어떠했는가를 살펴보기로 하자.

1930년대

원자의 구조, 즉 원자 내부의 전자 운동을 기술하는 데 성공한 것은 양자역학의 커다란 승리였지만 양자역학의 적용 범위가 과연 어디까지 미치는 것일까? 지금 여기에 원자핵이라는 더욱 작은 복합체가 존재하고, 그것은 핵자의 결합인 것 같은데 어떤 메커니즘에 의해 결합되어 있는지는 전혀 알지 못하고 있다. 원자의 문제를 해명하는 데에 양자역학이라는 새로운 물리학 이론을 필요로 했듯이 원자핵의 문제를 푸는 데는 한층 더 새로운 역학이 필요하지 않을까? 이것이 1930년대 전반에서의 첫 번째 의문이었다.

다음에는 상대론적 역학으로부터 여러 가지 입자의 존재가 가능하다고 말했지만 반입자라는 것의 해석도 아직은 잘 모르고 있었다. 양전자는 발견되었으나 반핵자는 어떤가? 이 세계에는 양성자, 중성자, 전자의 입자(페르미온)와 전자기장, 중력장밖에 없는 것처럼 보인다. 특히 중간자와 같은 질량을 가진 입자는 발견될 수 없는 것이 아닐까? 도대체 상대론적 양자역학은 어디까지 신뢰할 수 있을까? 이것이 두 번째 의문이었던 것이다.

유카와*의 위대함을 특징지으려면 그것은 그가 위와 같은

---

* 유카와 히데키(湯川秀樹)
일본 도쿄(東京) 출신. 그의 아버지는 지리학자였다. 학자 집안에서 자랐으

의문을 밀고 나간 데 있다고 필자는 생각한다. 간단히 말하면 20세기에 태어나서 빛나는 성공을 거둔 2개의 아름다운 이론 체계, 즉 상대론과 양자론의 진실성, 보편성을 믿고 그것에서부터 나오는 귀결을 순순히 원자핵에다 적용했던 점이다. 물리현상이 모두 아름다운 법칙으로 기술될 수 있는 것만은 아니다. 또 하나의 훌륭한 법칙이 이론적으로 가능하다고 해서 반드시 그 이론이 자연에 적용되어야만 하는 것은 물론 아니다. 그러나 올바르고 아름다운 법칙체계의 적용성은 최초에 예상했던 것 이상으로 넓고 깊은 것인 법이다. 그러므로 이와 같은 체계로부터 이끌어지는 귀결은 얼핏 보기에는 자연과 역행하는 것처럼 보일지라도 진지하게 받아들여야 한다.

그 좋은 예가 아인슈타인의 일반상대론으로부터 귀결되는 블랙홀(Black Hole)일 것이다. 블랙홀은 이 책의 화제가 될 성질의 것이 아니기 때문에 깊이 파고들 생각은 없으나, 시간도 공간도 극단으로 일그러져버려 빛조차도 그곳에서 외부로 도망칠

므로 어린 시절부터 한학(漢學) 등의 소양을 지니고 있었다. 교토(京都)대학의 학생 시절에는 때마침 하이젠베르크, 슈뢰딩거 등에 의한 새로운 양자역학이 형성되던 시기였으므로, 일본에서는 그도 주로 자기 힘으로 공부해야 했다. 이 독립, 자주적인 정신으로 그는 27살 때인 1934년에 중간자론(中間子論)을 착상하여 유럽의 선진 학자들을 앞질렀다.

1949년에 일본 사람으로는 처음으로 노벨상을 수상했다. 그 후도 소립자론 교토 그룹의 리더로 많은 후학을 양성해왔다. 2차 세계대전 후에는 장(場)의 이론의 결함을 구제할 목적으로 비국소장(非局所場)이라는 것을 제창했고 그 개념과 이름은 현재에도 널리 통용되고 있다.

수 없다는 엄청난 중력이 작용하는 세계의 이야기는 쿼크 이상으로 신비스럽고 크게 대중의 호기심을 부추기는 것 같다. 이것은 최근의 천문학의 진보에 의하여 우리의 은하계 속에 블랙홀이 존재하는 것 같다는 간접적인 증거가 몇 가지 발견되었기 때문에 더욱 유행의 화젯거리가 된 것이지만, 본래는 아인슈타인의 중력장 이론(일반상대론, 1916)이 나온 직후부터 그 방정식의 풀이로서 슈바르츠실트(Schwarzschild)에 의하여 이론적으로 발견된 것이었다.

6장
새 입자의 출현

쿨롱형과 유카와형

5장에서 시작한 유카와 이론에 대한 이야기는 아직 끝나지 않았다. 근본적인 착상만 소개했을 뿐이다. 즉 핵력은 상대론적 양자역학으로서 기술되어야만 할 것이며, 그 결과 중간자라는 보손도 존재해야만 한다고 말했다. 그러나 이것만으로는 핵력이나 중간자에 관한 내용을 이해하기 힘들 것이고 또 해명해야 할 문제도 여러 가지가 남아 있다. 이를테면 왜 중간자가 일상 세계에서는 눈에 띄지 않느냐는 따위의 의문도 그런 것의 하나일 것이다.

입자에 작용하는 힘의 장을 양자론적으로 설명할 때는 다음과 같은 사고방식이 흔히 사용된다. 이를테면 두 전자 간의 전자기력(쿨롱힘)은 전자기장의 양자, 즉 광자를 주고받음으로써 생긴다. 말하자면 전자끼리 캐치볼을 한다는 것이며, 광자가 그 공인 셈이다. 광자의 질량이 제로라고 하는 것(즉 광속도로 달려간다)은 힘의 도달거리가 길고 쿨롱형($1/R$)의 퍼텐셜이라는 것에 대응된다.

그런데 만약 질량을 가진 보손, 즉 무거운 공으로 캐치볼을 한다면 힘은 멀리까지 도달하지 못할 것이다. 이때의 퍼텐셜은 '유카와형'이 된다. 수식으로 쓰자면 $e^{-\mu R}/R$의 형이 되며 멀리 가면 지수적(指數的)으로 약화되도록 되어 있다. 여기서 μ는 입자의 질량에 비례하는 양으로 $1/\mu$이 이른바 콤프턴 파장이다.

즉, 도달거리는 그 양자의 콤프턴 파장과 같다고 생각하면 된다. 왜 이와 같은 형태의 퍼텐셜이 되느냐는 것은 유감스럽지만 미분방정식 지식 없이는 완전히 설명할 수 없으나 하이젠베르크의 불확정성 원리를 이용하면 어느 정도 납득이 가게 설명할 수 있다.

사실 이때 교환되고 있는 보손은 '진짜(Real)' 입자가 아니다. 그 이유는 처음 상태가 보손의 질량을 만들 만한 에너지를 가지고 있지 않기 때문이다. 이러한 입자는 '가상적인(Virtual)' 입자라 불리며 캐치볼을 하는 동안에만 가상적으로 출현했다가 다시 없어져 버리는 덧없는 존재이다. 불확정성 원리에 따르면 에너지의 불확정성 ΔE와 시간의 불확정성 ΔT와는 반비례한다. 즉

(1) $\Delta E \times \Delta T \gtrsim \hbar$(플랑크 상수)

의 관계가 성립하므로 수명 ΔT가 충분히 짧으면 에너지의 불확정성 ΔE가 커지고 따라서 가상적 입자를 만들 수 있게 된다. 그러나 그 입자는 ΔT의 시간에 고작 $\Delta T \times c$(광속도) 정도밖에 움직이지 못한다. ΔE를 정지에너지 mc^2으로 취하면 도달거리가 $\hbar/mc = 1/\mu$이 된다. 이것은 곧 콤프턴 파장이다.

이 설명으로 유카와형의 힘의 도달거리는 일단 설명이 된 셈이지만 이 힘의 부호, 즉 척력(斥力)이냐 인력(引力)이냐는 것은 장의 원천이 갖는 '전하'의 부호에 의한다. 전자기장에서 쿨롱장이 전하에 비례했던 것처럼 유카와형의 장에서도 그 원천에 특유한 상수를 생각할 수 있다. 일반적으로 이와 같은 상수를 결합상수(結合常數)라고 하며, 이 상수의 크기가 힘의 크기를 결

정해 준다. 핵력이 전자기력에 비하여 매우 강한 이유는 그 결합상수가 훨씬 크기 때문이다. 전자기장의 결합상수는 단위 전하 e이며 차원(Dimension)이 없는 수로 고치면 유명한 미세구조상수, $e^2/\hbar c=1/137$이 그 크기의 정도를 나타낸다. 이것이 1에 비하여 훨씬 작기 때문에 전자기력은 비교적 약한 힘이라고 생각되고 있다.

핵력은 전자기력에 비하여 세기 때문에 중간자의 결합상수는 $e^2/\hbar c$보다 클 터이다. 대충 1/10 내지 1의 오더라는 것은 알려져 있으나 결합상수 이외로 중간자의 스핀 값도 핵력의 성질을 크게 좌우한다. 이를테면 광자와 같이 스핀이 1인 중성 입자를 교환할 때는 같은 결합상수(즉 전하)를 가진 입자 사이의 힘은 척력이 되지만, 스핀이 0인 입자를 교환할 때는 인력이 된다(다만 그 설명은 어렵기 때문에 생략한다).

유카와의 최초 논문에서 중간자는 스핀이 0이고 전하가 ±1인 입자라고 가정되었다. 전하를 가진 공으로 캐치볼을 하면 당연히 두 입자 사이에 전하의 교환이 일어난다. 지금 양성자가 중성자를 향하여 전하 +1의 중간자를 던졌다고 하면 양성자는 중성자로, 중성자는 양성자로 바뀌어 버린다. 즉 이와 같은 과정을 허용한다면 양성자나 중성자는 그 동일성(Identity)을 상실해 버리고 만다. 그리하여 이들 두 종류의 입자는 단순히 핵자가 갖는 2개의 서로 다른 상태에 지나지 않게 된다. 또 이 경우 양성자끼리나 중성자끼리는 1개만의 공으로는 캐치볼이 불가능해진다.

어쨌든 간에 양성자와 중성자의 아이덴티티가 없어져 버린다는 것은 중대한 의미를 갖는다. 본래 이와 같은 생각은 하이젠베르크에서 비롯된 것인데 이미 3장에서 설명했듯이 양성자와 중성자는 전하 이외의 점에서는 매우 흡사했기 때문에 핵력의 문제에 관한 한 사소한 차이는 우선 무시하고, 두 입자는 같은 질량을 갖는 동종의 입자라고 하자. 그러나 이 둘을 구별하기 위하여 어떠한 표지(양자수)는 필요하다. 스핀 상태에 상향과 하향의 두 가지가 있었듯이 우리도 여기서 아이소스핀(Isospin)이 라는 생각을 도입해서 양성자와 중성자는 각각 아이소스핀 상태가 상향과 하향 상태에 대응된다고 하자[아이소스핀은 '같은 장소'를 뜻하는 아이소토프(Isotope)와 스핀이란 말을 붙여서 만든 말이다. 다만 원자핵에서의 아이소토프는 동위원소(同位元素)를 말하며, 같은 원자번호를 가지나 질량수가 서로 다른 원자핵을 가리킨다(3장 '양성자, 중성자의 구조' 참조). 그러므로 핵의 경우와 핵자의 경우는 그 정의(定義)가 서로 반대로 되어 있다]. 즉 핵자의 아이소스핀의 크기는 1/2이고 그 방향에 따라서 Z 방향의 성분이 ±1/2의 두 종류가 있는 것이 된다. 이것을 기호로 $I = 1/2$, $I_z = \pm 1/2$로 나타낸다.

현재의 지식에 의거하면 핵력은 단순히 한 종류의 중간자에 기원하는 것이 아니라 여러 가지의 질량과 스핀과 전하를 가진 중간자들의 교환에 의한 복잡한 과정이다. 그러나 그중에서도 제일 가벼운 중간자가 만드는 힘은 제일 도달거리가 길므로 중요한 역할을 하는 것이라 생각한다. 이 중간자가 파이온(Pion: π) 즉 π중간자로서 여러 중간자 중 최초로 발견되어 유카와 이론을 실증해 준 것이라 생각되고 있다.

π중간자

π중간자의 질량은 전자의 270배이며 스핀은 0이지만 유카와의 첫 예상과는 달리 패리티(Parity)는 마이너스였다. 패리티(反轉性)란 공간반전에 관한 성질로서 '거울에 비추어 보았을' 때 또는 오른손 좌표계로부터 왼손 좌표계로 옮아갔을 때 장(퍼텐셜)이 부호를 바꾸지 않으면 플러스(+)이고 바꾸면 마이너스(-)가 되는 것이다.

또 π중간자가 갖는 전하는 ±1과 0의 세 종류가 있다. 그러므로 핵자가 전하를 교환할 경우도, 교환하지 않을 경우도 있을 수 있으며, 그 결과로서 두 핵자 사이의 힘은 각각 아이소스핀의 방향, 즉 양성자냐 중성자냐에 구애되지 않는 대칭적인 성질을 갖게 된다. 아이소스핀의 개념은 세 종류의 π중간자(π^0, π^+, π^-)에 대해서도 적용된다. 즉, π중간자의 아이소스핀은 I =1(I_z=1, 0, -1)로 생각할 수 있다. 이들 π중간자는 핵자들이 서로 충분히 높은 에너지로 충돌했을 때에는 '진짜' 입자로 만들어지기도 한다. 이를테면

(2) $p + p \rightarrow p + n + \pi^+$

$p + p \rightarrow p + p + \pi^0$

와 같은 반응이 그것이다. π중간자의 질량은 에너지 단위로 고쳐서 약 140MeV이므로 핵자의 반도(反桃)를 고려에 넣어서 280MeV 이상인 에너지의 사이클로트론이 필요하다. 그러나 이와 같이 하여 만들어진 π중간자는 안정된 입자는 아니다. 사실 $\pi^\pm$는 뮤온(Muon: μ)과 뮤중성미자(ν_μ)로 붕괴되고 π^0는 2개의 광자(γ)로 붕괴되어 버린다.

⑶ $\pi^+ \rightarrow \mu^+ + \nu_\mu, \quad \pi^- \rightarrow \mu^- + \overline{\nu_\mu}$

$\pi^0 \rightarrow \gamma + \gamma$

($\overline{\nu}$는 ν의 반입자, 즉 반중성미자를 가리킨다) π의 수명은 $\pi^\pm$의 경우 10^{-8}초이고 π^0의 경우 10^{-16}초라고 하는 짧은 것이다. 유카와 중간자가 세상에 우글거리고 있지 않은 것은 바로 이 때문이다.

유카와는 중간자가 전자와 중성미자로 붕괴된다고 가정하고 이것으로 중성자의 β붕괴를 설명하려 하였다. 즉

⑷ $n \rightarrow p + \text{``}\pi^-\text{''}, \quad \text{``}\pi^-\text{''} \rightarrow e^- + \overline{\nu}$

여기서 "π"는 가상적인 π중간자를 뜻하며, β붕괴의 중간 단계에 대응된다고 생각했다. 그런데 실제에 있어서는 ⑶과 같이 π중간자는 먼저 뮤온(μ)과 뮤중성미자(ν_μ)로 붕괴된 다음에야 이 뮤온이 다시 β붕괴하는 2단계를 거쳤던 것이다. 즉

⑸ $\mu^+ \rightarrow e^+ + \nu_e + \overline{\nu_\mu}$

$\mu^- \rightarrow e^- + \overline{\nu_e} + \nu_\mu$

여기서 ν_μ와 ν_e는 뮤온과 전자(e)하고만 각각 단짝이 되는 중성미자로서 서로 종류가 다른 입자들이다.

이 뮤온은 유카와 이론이 나온 뒤(1936) 앤더슨(앞에서 나온 양전자의 발견자)에 의하여 우주선 속에서 발견되어 곧 유카와의 중간자, 즉 π중간자일 것이라고 해석되어 버렸다. 이것도 무리가 아닌 이야기였다. π중간자와 뮤온은 질량이 그다지 차이가 나지 않는다(뮤온의 질량은 π중간자의 3/4이다). 그런데 유카와

중간자는 핵력을 설명하기 위하여 존재할 이유가 있었지만, 뮤온은 도대체 무슨 소용이 있는지를 알 수 없는, 전혀 쓸모없어 보이는 입자처럼 생각되었다.

뮤온이 발견된 것은 지구 바깥에서 지상으로 내리쬐는 우주선(양성자)이 상공에서 공기 분자 또는 원자의 핵과 충돌하여 π중간자를 발생하고 그것이 곧장 붕괴하여 뮤온이 되어서 아래 세계로 내려왔기 때문이다. 뮤온이 다시 짧은 시간 내에 붕괴되어 버리지 않는 것은 수명이 중간자보다 100배나 길기 때문이었다(더구나 빨리 달려가면 상대론적 효과 때문에 한층 시간이 연장된다)는 것과 뮤온이 전자와 동족인 렙톤으로서 대기의 물질과 강한 상호작용을 하지 않기 때문이다.

그러나 이 두 단계 과정의 존재를 모르면 현상을 해석하는 데 있어서 금방 모순에 부딪치고 만다. 양성자가 공기가 희박한 상공에서 π중간자를 충분히 많이 만들기 위해서는 강한 상호작용이 필요하다. 그 전형적인 핵반응은

(6) $p_1 + p_2 \rightarrow n_1 + \pi^+ + p_2$

로 주어진다. 이것은 양성자 p_1이 공기의 원자핵 속에 들어 있는 양성자 p_2와 충돌하여 그 충격으로 π^+중간자를 발생시키면서 중성자 n_1으로 바뀌는 것을 뜻한다.

그러나 이것이 사실이라면 그 반대 과정, 즉 π^+중간자가 원자핵 속에 들어 있는 중성자에 흡수되는($\pi^+ + n \rightarrow p$) 과정도 같은 확률로 일어날 터이므로 대기권 아래쪽까지는 좀처럼 무사히 도달할 수가 없게 된다.

2중간자 가설에서 파이중간자 발견까지

이 수수께끼는 몇 해 동안이나 물리학자의 골머리를 썩혀 왔으나 최초로 정답을 착상한 것은 일본의 다니카와와 사카타였다. 특히 사카타와 이노우에(井上健)의 2중간자 가설은 대체로 실험 사실과 매우 가까운 것이었다. 그러나 전시 중에 나왔던 이 2중간자설은 오랫동안 사람들의 주목을 끌지 못했다. π중간자가 실제로 발견된 것은 전쟁 후인 1947년이었다. 영국의 파월(Powell) 그룹은 고감도의 사진 건판을 만드는 데 성공하여 그것을 우주선에 쬐었다. 현상된 사진 건판(Emulsion)을 현미경으로 검사한 결과 우주선 속에 들어 있던 양성자가 남기고 간 자취를 발견했다. 즉 그들은

$$p + Z \rightarrow \pi, \quad \pi \rightarrow \mu, \quad \mu \rightarrow e$$

라는 연쇄반응을 멋지게 포착했던 것이다(Z는 원자핵을 뜻함). 비교적 에너지가 낮은 π중간자가 나와서 운 좋게도 사진 건판의 유제막(乳劑膜) 속을 평행으로 달려가는 동안에 에너지를 상실하고 정지해 버린 후 뮤온으로 붕괴되고, 이 뮤온이 다시 비슷한 과정을 거쳐 전자와 2개의 중성미자로 붕괴되었던 것이다(중성미자는 물론 궤적을 남기지는 않지만).

일반적으로 궤적의 농도는 하전 입자가 물질 원자를 이온화하는 능력에 의해 결정되는 것으로서 이 농도는 입자의 속도가 높을수록 약해지고 광속도 가까이로 달려가는 입자에서는 최저의 극한값에 도달한다. 이와 같은 입자까지 모조리 감광시킬 수 있게 된 에멀션 기술의 진보에 의하여 유카와 중간자의 정체가 포착되었던 것이다.

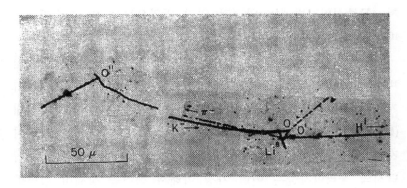

〈그림 6-1〉 핵 에멀션 속에서 작은 입자 궤적의 한 예

π중간자와 뮤온의 발견은 소립자에 대한 종전의 관념을 일변시켰다는 점에서 매우 커다란 상징적 의의를 갖는다. 그때까지의 소립자는 우리의 일상세계에 있는 물질의 구성요소이며 안정된 입자였다(불안정한 것이 기본 입자라고 하는 것은 이상한 일이 아닌가!). 다만 그중에 예외도 있기는 있었다. 예컨대 중성자는 원자핵 속에서는 안정하나 단독으로는 양성자로 β붕괴한다. 이때에 방출되는 중성미자는 그 당시에는 아직도 가설의 영역을 벗어나지 못하고 있었으나 적어도 물질의 구성요소라고는 할 수 없었다. 그런 의미에서 라듐 등의 발견으로 시작되는 β방사능(放射能)은 자연 속에 아직도 우리가 이해할 수 없는 원리가 숨겨져 있다는 것을 암시하고 있는 것 같았다.

그러나 π중간자와 뮤온의 출현에 의하여 예외는 이미 예외가 아니게 되었다. 이 어느 쪽 입자도 모두가 불안정하고 보통 물질 속에서는 발견되지 않는다. 뮤온은 무거운 전자와 같은 것으로서 현재의 이른바 렙톤족의 하나인데 어째서 이런 것이 존재할까? 특히 렙톤족은 극히 최근까지 전자, 뮤온, 전자중성미

자, 뮤중성미자밖에는 알려져 있지 않았으므로 이 수수께끼는
매우 신비적이었다.

한편 π중간자의 존재는 핵력이라는 강한 상호작용이 별로 신
비스러운 것도 아니고 상대론적 역학의 테두리 안에서 설명이
가능하다는 것을 보여 주었다. 그러나 π중간자가 핵력을 매개
(媒介)하는 유일한 입자일까? 자연은 단순해야 한다는 입장이
자연스러운 것이라면 당연히 π중간자가 유일한 것일 것이다.
당시의 물리학자들은 이런 가정 아래서 핵력을 상세히 설명하
려고 큰 애를 썼다.

그러나 실제는 어떠했었느냐고 하면 핵력이 좀처럼 설명될
수 없었을 뿐더러 중간자는 중간자족의 최초의 일원(一員)에 불
과하며, 훨씬 더 그 정체를 알 수 없는 여러 종류의 중간자와
바리온(Baryon) 등이 연달아 등장했던 것이다. 그런 의미에서
우리가 알고 있는 원자핵이라는 것은 우연하게도 안정된 하드
론(Hadron)에 지나지 않는 것이다.

V입자의 극적인 등장

π중간자가 등장한 얼마 후 V입자라 일컬어지는 새로운 입자
들이 다시 우주선 속에서 발견되었다. 사진의 유제 속에서가
아니고 옛날 그대로의 안개상자 속에서 굽은 못 같은 형상의
궤적을 남기기 때문에 이들 입자들은 V라고 명명되었다. π중
간자가 뮤온으로 바뀔 때도 마찬가지로 궤적이 구부러지는데 V
입자는 질량이 훨씬 크고 종류도 하나만은 아닌 것 같았다.

하전된 V입자인 $V^\pm$가 다른 하전 입자와 중성 입자 V^0로 붕
괴할 경우 중성인 V^0입자가 다시 두 하전 입자의 쌍으로 붕괴

하면서 역 V자 모양으로 보이는 경우와, 1개의 V±입자가 3개의 하전 입자로 붕괴하는 경우 등 여러 가지 과정이 발견되었다. 이때 붕괴된 뒤의 입자들은 아마도 π중간자, 뮤온, 양성자 따위인 것 같았다. 더욱 두드러져 보이는 것은 V입자 2개가 동시에 사진에 찍히는 예가 많다는 점이었다. 도대체 이들 현상을 어떻게 해석하면 될까?

이 퍼즐은 물리 문제로는 전형적인 한 예라고 생각되는데 필자 자신도 그 당시 오사카대학에서 동료들과 함께 머리를 싸매고 연구한 추억이 있기에 그것을 여기에 소개해 두겠다. V입자를 볼 수 있는 비율은 우주선이 일으키는 반응으로서는 극히 드문 확률의 것이었다. 따라서 2개의 V입자를 동시에 볼 수 있는 확률은 각각의 입자가 나타날 과정이 독립적이라고 한다면 거의 0에 가까울 것이다. 따라서 실제로 V입자의 쌍이 번질나게 일어나는 것은 어느 한 핵반응에 의해 그것들이 동시에 만들어졌다고 보아야만 한다. 아니 차라리 동시에 만들어져야만 할 필요가 있었다고 보아야 한다. 그렇지 않으면 위에서 본 바와 같이 V입자를 하나만 만드는 반응 쪽이 압도적으로 관측될 것이다. 그렇다면 어째서 쌍생성이 필요할까?

여기서 생각나는 것은 1장에서 말한 보존법칙이다. 즉 반응이 갖는 규칙성으로부터 무엇인가 보존량의 존재가 추정된 것이다. 이를테면 전자(e⁻)와 양전자(e⁺)의 쌍생성은 가능하나 e⁻와 e⁻, 또는 e⁺와 e⁺의 쌍생성을 하지 않는 것은 전하의 보존법칙에 의한다. 그러므로 V입자의 경우도 무엇인가 새로운 보존량 (양자수)을 가진 것이 아닐까?

이 새로운 보존량은 겔만이 스트레인지니스(Strangeness)라고

78

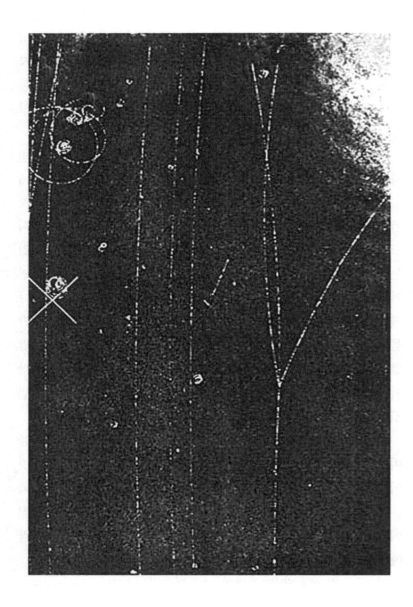

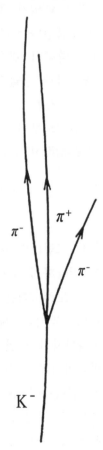

K⁻ (또는 Z)의 붕괴
($\tau^- \to 3\pi$)

π^-

π^+

π^-

K⁻

〈그림 6-2〉 V입자
(사진 Levi-Setti 교수 제공)

명명한 이래 그 이름으로 통하고 있으
므로 앞으로는 스트레인지니스(기호 S)
라 부르기로 한다. 즉 이들은 매우 기
묘한 입자들이라는 뜻이다.

그래서 우주선 속에 들어 있는 양성
자가 물질과 충돌하여 스트레인지니스
가 제로인 계(系)로부터 플러스, 마이너
스의 스트레인지니스를 가지는 입자의
쌍이 만들어진다고 생각되었다. 그러나
실험에 따르면 양쪽 V입자는 같은 종
류의 입자라고만은 할 수 없을 것 같
았다. 한쪽 V입자가 양성자로 붕괴되
는 수도 있으므로 양성자보다 무거운
페르미온의 V입자와 양성자보다 가벼
운 중간적인 V입자가 존재하는 모양
같았다. 실험에서 반드시 쌍으로만 관
측되는 것이 아니라는 것은 한쪽이 붕
괴하지 않고 안개상자를 그대로 지나
쳐 버린다거나, 또는 다른 원인으로 인
하여 관측되지 못한 채 보아 넘겨져
버렸기 때문일 것이다. 이런 일은 흔히
있는 일이므로 별로 걱정할 필요가 없
었다.

그러면 일단 만들어진 V입자는 어떻
게 될 것인가? 만약 스트레인지니스가

보존된다면 다른 입자로 붕괴되더라도 스트레인지니스는 그 새 입자들에 승계되어 소멸되는 일이 없을 것이다. 보통 물질은 가정에 의해, 스트레인지니스를 갖지 않을 것이므로 V입자가 보통 물질에 흡수되는 일도 없을 것이다. 그러나 V^0입자 중에는 $\pi^\pm$중간자의 쌍으로 붕괴되는 예가 있었다. π중간자는 스트레인지니스를 갖지 않는 입자로 알려져 있다. 따라서 관측에 걸려들지 않는 제2의 중성 입자가 $\pi^\pm$중간자와 함께 방출된다면(이 중성 입자가 스트레인지니스를 갖게 된다고 가정하면) 모순이 없겠으나, $\pi^\pm$중간자의 에너지와 방출 각도의 관계로부터 추론한 바에 의하면 이 붕괴 과정은 2체 붕괴(二體崩壞)라고 결론되었던 것이다.

모든 일을 시도해 본다

그래서 우리는 벽에 부딪치고 말았던 것이다. 그렇다면 어떻게 해야 할까? 이것을 구하는 한 가지 방법은 지금까지 모처럼 가정했던 보존법칙을 깨뜨려 버리는 일이다. 즉 보존법칙은 엄밀한 것이 아니며 다소의 예외가 있다고 하자는 것이다. 매우 편의주의적이어서 엄격한 논리를 중시하는 물리학자가 취할 바가 아닐 것처럼 생각이 들지 모르지만 보존법칙이라고 하지 말고 선택법칙이라고 한다면 이와 비슷한 예는 얼마든지 볼 수 있다. 그러나 스트레인지니스가 전하와 같은 양이라고 생각하고서 출발한 것이므로 이 해결책은 확실히 유쾌하지는 못하다. 그러나 연구자란 모든 일을 시도해 봐야 한다. 그래서 이 가정을 채택해 보면 금방 여러 가지 혜택이 있다는 것을 알게 된다.

우선 V입자의 붕괴는 '거의' 금지되어 있으므로 V입자의 수

명은 비교적 길 것이다. 비교적이라고 하는 것은 불확정성 원
리로부터 기대되는 시간과 비교해서라는 의미이다. 즉 V입자의
질량, 또는 붕괴 때 생겨나는 2차 입자의 운동에너지로 바뀌는
부분(Q량이라 불린다) 등을 토대로 어림잡아 위에서 말한 불확
정성 관계식 $\Delta E \times \Delta T \gtrsim \hbar$에 대입하면 10^{-23}초 정도로서 그동
안에 이 입자가 광속도로 달려가더라도 10^{-13} cm밖에는 운동하
지 못한다. 즉 원자핵의 크기만 한 거리이다. 이것은 전혀 금지
법칙이 없을 때의 자연스러운 시간 스케일이며, 이와 같은 입
자는 핵력의 캐치볼 때와 마찬가지로 "가상적인" 입자에 지나
지 않는다고 할 수 있다.

그러나 실제 V입자의 수명은 이것에 비하면 문제가 안 될
만큼 길다. 안개상자의 벽에서 발생하여 상자 속을 몇 센티미
터쯤 달려가서 붕괴하는 것이 있으므로 수명은 적어도 10^{-10}초
정도여야 한다. π중간자의 수명은 10^{-8}초로서 뮤온의 수명
10^{-6}초보다는 짧지만 오더로서는 오히려 이쪽이 V입자의 수명
에 가깝다.

여기서 생각나는 것은 π중간자나 뮤온의 붕괴가 β붕괴의 일
종이라고 생각되고 있다는 사실이다. 특히 뮤온의 붕괴는 중성
자의 β붕괴와 매우 유사하다. 사실 페르미의 β붕괴 이론이라는
것을 그대로 뮤온에 적용해 보면 뮤온의 수명이 정확하게 계산
되어 나온다는 것을 우리는 알고 있다(중성자의 수명이 10분이고
뮤온의 수명이 10^{-6}초로 Q값이 크게 차이가 나는 것은 Q값이 서로
다르기 때문이며, 이론 속의 결합상수는 같아도 된다). 그러므로 V입
자의 붕괴도 역시 β붕괴의 일종이라고 생각하면 되지 않을까?
V의 수명이 훨씬 짧은 것도 Q값이 한층 크기 때문일 것이다.

그렇다면 β붕괴라는 정체를 알 수 없는 현상도 따지고 보면 무척이나 변화가 다양한 것 같다. 어쨌든 이들은 시간적으로 매우 느릿한, 즉 결합상수가 매우 작은 반응으로 보인다. 게다가 보존법칙을 그다지 중히 여기지 않는 변덕스런 성격을 가지고 있어 보인다. 여기서 우리가 자연현상 속에서 배운 것을 다시 한 번 정리하여 보기로 하자.

(1) 소립자에는 일상적인 물질을 구성하는 입자뿐만 아니라 더 많은 종류가 포함되어 있다.

(2) 힘의 종류에는 전자기력과 강한 힘(핵력)이 있고 그것들을 매개하는 장의 양자(量子)가 존재한다.

(3) 강한 힘의 상호작용을 가진 입자와 갖지 않은 입자의 두 종류가 있다. 즉 현대용어로 말하면 하드론과 렙톤이다.

(4) 또 제3의 상호작용으로서 β붕괴 등의 원인이 되는 약한 상호작용이 있으며, 이것에 의하여 하드론이나 렙톤의 대부분이 불안정하게 된다.

(5) 약한 상호작용은 다른 상호작용들이 갖는 보존법칙을 반드시 지키는 것은 아니다.

마지막 것은 약한 상호작용에서는 스트레인지니스가 비보존(非保存)이 될 수 있음을 말한 것인데, 그 후 우리의 지식이 늘어남에 따라 약한 상호작용은 더더욱 이 경향이 심하다는 것을 알게 되었다. 그중에서도 유명한 패리티의 비보존은 가장 두드러진 예일 것이다. 이것은 스트레인지니스의 보존법칙과 함께 7장에서 좀 더 자세히 다루기로 하겠다.

7장
소립자의 규칙성과 보존법칙

나카노-니시지마-겔만의 법칙

π중간자, 뮤온, V입자 등이 출현한 후 1950년대에 이르러 새로운 입자가 잇달아 더 발견되어 그 수는 폭발적으로 불어났다. 그러나 이것들은 그 모두가 뮤온 이외는 하드론이었으며 이런 경향은 현재에 이르기까지 계속되고 있다. 뮤온의 다음 렙톤인 타우 입자(τ)가 등장한 것은 불과 얼마 전의 일이다. 하드론족이 매우 많다는 것은 우리에게 오히려 편리한 일이었다. 이들 하드론의 성질을 조직적으로 조사한다면 그것들을 지배하는 어떤 법칙이 발견될 것이 틀림없다. 역사적으로도 원자구조의 경우, 원자가 내는 스펙트럼선에 관한 풍부한 데이터가 있었다는 것은 양자역학의 탄생에 유력한 실마리가 되었다. 더 옛날로 거슬러 올라가면 태양계에 몇 개인가의 행성(行星)이 있었기 때문에 코페르니쿠스(Copernicus)의 태양계 모형이 태어나게 된 것이고 또 티코 브라헤(Tycho Brahe)의 관측 데이터가 있었기에 케플러(Kepler)의 법칙이 발견되었으며, 마침내 뉴턴의 역학에 도달할 수 있었다고 말할 수 있다. 그 밖에도 멘델레예프(Mendeleev)의 원소 주기율이나 마이어(Mayer), 옌젠(Jensen), 주스(Suese)의 원자핵의 각(殼) 모형 이론 등의 예도 들 수 있다.

하드론의 경우 결정적인 역할을 해준 규칙성은 나카노(中野)-니시지마(西島)-겔만(Gell-mann)의 NNG법칙(공식)이었다. 그리고 이 법칙을 자연스럽게 설명하기 위하여 쿼크(Quark)라는 가상적인 기본 입자가 제창되었다. 그래서 우선 이 법칙이 무엇인가부터 소개하기로 하자.

V입자, π중간자, 핵자 등은 하드론족 중에서도 '안정'된 멤버들이다. 여기서 특히 따옴표를 쳐서 강조하고 있는 안전성이란 약한 상호작용이나 전자기적 상호작용의 영향을 무시한다면 붕괴될 수 없다는 뜻이다(전자기적인 붕괴의 예는 π^0중간자, Σ^0입자 등의 경우가 있는데 이 붕괴 현상은 그다지 흔하지 않다). 그 때문에 이들 하드론은 비교적 수명이 길고 안개상자나 에멀션 속에서 붕괴하는 현장이 포착되는 수가 많다. 이들 이외의 하드론의 대부분은 '불안정', 즉 강한 상호작용에 의해서도 본질적으로 불안정하며, 이들은 소수의 '안정'된 하드론으로 신속히 붕괴해 버린다. 말하자면 이들은 일시적인 들뜬 상태(勵起狀態)인 것이다.

'안정'한 하드론은 예에 따라 중간자와 바리온의 그룹으로 나누어지며 그 멤버는 다음의 그림과 같다.

이 그림은 나카노-니시지마-겔만의 법칙을 써서 정리되어 있다. 우선 눈에 띄는 사실은 중간자, 바리온, 반바리온이 모두 8개씩 조를 이루고 있다는 점이다. 후에 겔만이 불교의 가르침에 연유하여 팔정도(八正道: Eight Fold Way)라고 부른 것은 이 때문이다. 세로축은 스트레인지 입자를 구별하는 스트레인지니스 또는 초전하(超電荷) Y라는 양자수, 가로축은 아이소스핀 양자수의 Z성분 I_Z이다. 그런데 전하(어깨 위에 붙여진 글자로 표시) 쪽은 오른쪽 위를 향하여 45° 방향으로 비스듬히 붙어나고 있다.

동일한 수평선 위에 배열된 한 조는 일정한 크기의 아이소스

핀(I)에 속하는 형제뻘이며
핵자나 π중간자의 경우에
대해 이미 설명한 바와 같이
질량도, 강한 상호작용의 크
기도 모두 비슷하다. 그러나
좀 더 대범하게 보아 준다면
이들 8개가 모두 같은 크기
의 질량과 상호작용을 갖는
다고 해도 과히 틀리지는 않
을 것 같다. 질량은 적어도
같은 오더인 데다가 상호작
용이라는 점에서도 그다지
차이가 없다. 다만 아이소스
핀의 Z성분에 의한 차이와
스트레인지니스에 의한 차이
를 비교한다면 후자가 훨씬
큰 차이를 나타낸다는 정도
의 차이가 있을 뿐이다.

이와 같이 거친 관찰 방
법은 물리학에서 매우 필요
한 일로서 인간적 입장에서
보더라도 자연스러운 사고
방식이라고 할 수 있다. 그
덕분에 그늘에 가려지기 쉬
운 규칙성도 눈에 띄게 되

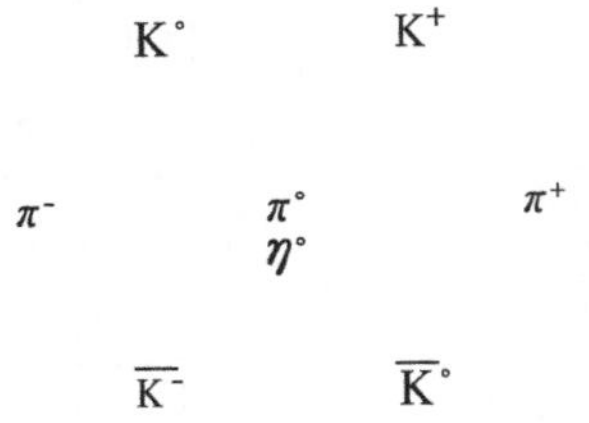

〈그림 7-1〉 중간자족

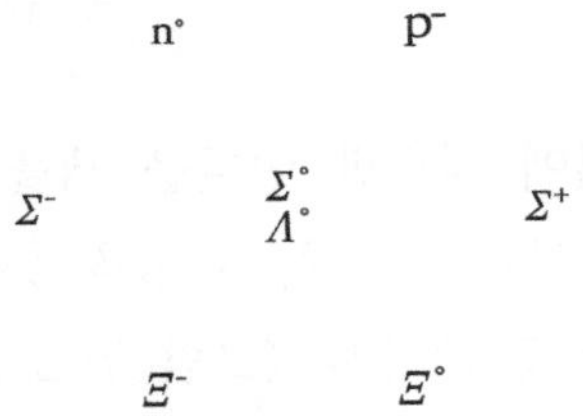

〈그림 7-2〉 바리온족

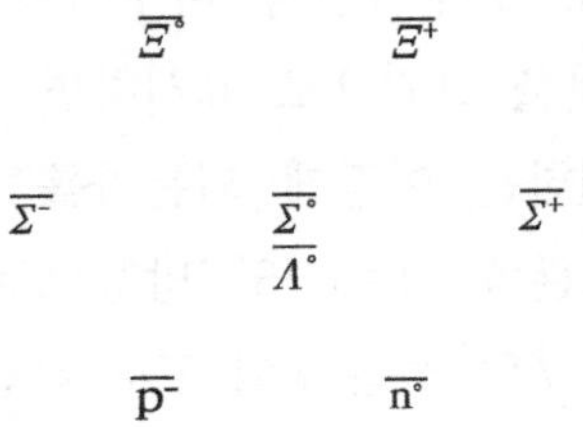

〈그림 7-3〉 반바리온족

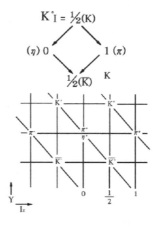

〈그림 7-4〉

고 장래에 정밀한 이론을 세울 때 그 토대가 되기도 한다. 그렇다면 지금의 경우 그 규칙성이란 무엇일까?

〈그림 7-1〉에서 〈그림 7-2〉로부터 알아챌 수 있는 것은 아이소스핀 I와 초전하 Y(스트레인지니스) 사이에 어떤 관계가 있다는 점이다. 예로서 중간자의 경우를 살펴보자. K중간자는 I=1/2, Y=1이고 π중간자는 I=1, Y=0, 또 η^0입자는 I=0, Y=0이다. 즉 Y가 1만큼 바꾸어지면 I가 $\pm$1/2만큼 건너뛰게 된다. 이것을 그림으로 표시하면 〈그림 7-4〉와 같이 된다.

또 전하는 어떻게 되는가를 보면 앞에서 지적했듯이 규칙적으로 오른쪽 위로 45° 방향으로 진행하며 늘어난다. 따라서 전하 Q는 I의 성분 I_z와 Y로 간단히 나타낼 수 있다. 즉

$$Q = I_z + \frac{Y}{2}$$

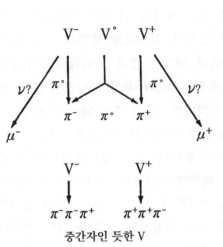

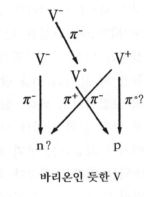

바리온인 듯한 V

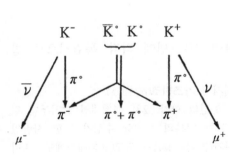

중간자인 듯한 V

〈그림 7-5〉

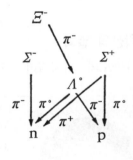

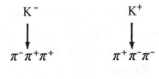

〈그림 7-6〉

88

이것이 나카노-니시지마-겔만(NNG)의 공식(법칙)이다.

도식(圖式)이 완성된 다음에는 지극히 단순한 것이라고 생각
되겠지만 아직도 얼마만큼 입자가 있는지를 분명히 모를 때에
정확한 패턴(Pattern)을 발견해 낸다는 것은 물리학자의 임무요
삶의 보람이기도 하다. 실제로 NNG의 공식이 나오기 전에 알
려져 있던 실험 사실을 도식화하면 〈그림 7-5〉와 같아진다.

여기서 화살표는 붕괴 과정을 가리키고 이 붕괴 시에 동시에
방출되는 입자를 곁에다 적어 놓았다. 또 V입자의 질량은 대충
알려져 있었으므로 그것에 의하여 V입자의 위치를 바꿔두었다.
그러나 이 그림만으로 앞의 〈그림 7-1〉, 〈그림 7-2〉의 관계를
예견할 수 있을까? 도대체 이들 V입자는 그중에 어느 입자에
해당하는 것일까? 여러분도 한번 생각해 보기 바란다(답은 그림
7-6).

착상의 열쇠

나카노와 니시지마*, 겔만이 1953년에 각각 독립적으로 발

* 니시지마 가즈히코(西鳥和彦)
　일본 출신의 학자. 2차 세계대전 말기부터 전
후에 걸쳐 일본의 노벨상 수상자의 한 사람인
도모나가(朝永振一郎)는 도쿄(東京)대학에도 관여
하며 새로운 소립자 그룹의 발생에 계기를 마
련했는데, 니시지마도 그에 속했던 한 사람이
다. 그가 신설된 오사카시립대학의 공학부에 취
직한 것은 때마침 스트레인지 입자의 데이터가
연달아 쏟아져 나오기 시작한 무렵이었다. 동료
인 나카노(中野董夫)와의 공동 작업으로 이루어진 나카노-니시지마의 법칙
은 여기서의 산물이다. 겔만도 이때 미국에서 독립적으로 그들과 같은 생

견한 공식은 막연히 이런 그림들을 들여다보는 것만으로 나오
지는 않는다. 진짜 열쇠는 6장에서 설명한 바와 같은 새로운
양자수(초전하)를 도입한 점이고 또 하나는 V입자가 생겨날 때
성립했던 이 양자수의 보존법칙이 붕괴 때는 오히려 깨뜨려지
는 편이 낫다고 하는 착상이다. 이 이외도 또 하나의 결정적인
요소는 '7장. 나카노-니시지마-겔만의 법칙' 중반부에서 설명한
초전하(스트레인지니스) Y와 아이소스핀 I와의 관계, 즉 초전하
Y가 바뀔 때마다 아이소스핀 I가 ±1/2만큼 처지게 된다는 관
계였다. 이 관계를 가정하면 기묘(奇妙) 입자(스트레인지니스를 갖
는 입자)가 π중간자를 방출하여 보통 입자로 붕괴할 때 초전하
뿐만 아니라 아이소스핀의 보존까지도 파괴된다. 왜냐하면 π중
간자의 아이소스핀은 1이므로 반응 전후에서 총 아이소스핀이
반기수(半奇數)만큼 변화하여 0이 될 수가 없기 때문이다.

　물론 보존법칙을 둘씩이나 깨뜨릴 필요는 없다고도 말할 수
있겠으나 〈그림 7-1〉, 〈그림 7-2〉를 보면 보통 입자에서는 핵
자(스핀 1/2)의 I는 1/2이고 π중간자(스핀 0)의 I는 1인 것과
같이 스핀과 아이소스핀이 동시에 정수이거나 반기수로 되어
있다. 그런데 V입자 쪽에서는 얼핏 보기에 그런 관계가 있어
보이지는 않는다. 그러나 어쩌면 역시 상관이 있는 것이 아닐
까? 특히 V입자에 대해서 파격적으로 상관관계를 반대로 하여
보면 어떨까? 그러기 위해서는 이 그림에다 미지의 입자를 적
당히 보충해 주어야 한다.

각에 도달했었다. 그 후 니시지마는 독일, 미국 등에서 수년간을 보낸 뒤
도쿄대학의 교수가 되었다. 그 밖에도 두 종류의 뉴트리노(ν_e와 ν_μ) 가설,
여러 가지 장(場)의 이론의 정리(定理) 등에 공헌했다. 영문으로 쓰인 소립
자론과 장의 이론 교과서의 저자로서도 국제적인 명성을 지니고 있다.

이와 같은 추론의 결과로 NNG 공식이 태어났고 나아가 새로운 입자의 존재가 예언되었다. 그리고 언젠가 그 예언이 실증되면 NNG의 가설도 이론으로서 확립되고 물리학자는 다음 차례의 전진을 시작하게 된다.

그렇다면 다음 차례의 전진이란 무엇일까? NNG 공식에서는 초전하와 아이소스핀 사이에 관계가 있었지만 어째서 입자가 8개로 한 조를 이루는 것인지에 대해서는 설명이 없다. 이 문제는 8장 이후로 미루기로 하고 여기서는 NNG 이론의 실증이란 단순히 8개 입자의 존재를 확인하는 것만이 아니라는 점을 밝혀두기로 하자. NNG 이론 속에는 강한 상호작용에서 아이소스핀과 초전하가 보존된다는 가정이 포함되어 있다. V입자가 만들어지는 메커니즘은 강한 상호작용에 의하는 것이 압도적이고 붕괴 때에만 다른 상호작용이 관여하는 것이므로 V입자가 발생되는 반응에서만 이들의 보존법칙을 점검해야 할 것이다. 초전하의 보존에 대해서는 앞서 설명한 쌍생성의 해석에서 이미 설명해 놓았지만 아이소스핀의 보존도 마찬가지 방법으로 다뤄야 한다.

강한 상호작용과 아이소스핀의 보존

한 예로서 πp충돌이라는 반응을 예로 들어 보기로 하자. 즉 $\pi^{\pm}$중간자의 빔을 양성자의 표적에 충돌시키는 실험이다. NNG 공식('7장. 나카노-니시지마-겔만의 법칙'에 나오는 수식)에 의하면 아이소스핀은 전하와 스트레인지니스에 관계되어 있으므로 뒤의 두 물리량을 보존하면 자동적으로 앞의 것도 보존된다고 생각할지 모르나 아이소스핀의 보존이란 말 중에는 실은 이보다도 더 강한 조건인 반응의 확률(산란단면적)이 아이소스핀의 방향(성분)에 의하지 않는다는 것도 포함하고 있다.

핵자의 아이소스핀은 1/2이고 양성자, 중성자의 I_z는 각각 1/2과 -1/2이다. 또 π중간자의 아이소스핀은 1이고 π^+, π^0, π^-의 I_z는 각각 1, 0, -1이다. 따라서 π중간자와 핵자가 산란할 때의 I_z의 조합을 생각한다면 I_z의 합은 3/2, 1/2, -1/2, -3/2 만큼의 가능성이 있다. 즉

$$I_z = \frac{3}{2} \qquad \pi^+ + p \to \pi^+ + p \qquad \text{(a)}$$

$$I_z = \frac{1}{2} \quad \begin{cases} \pi^+ + n \to \pi^+ + n & \text{(b)} \\[2mm] \qquad\;\to \pi^0 + p & \text{(c)} \end{cases}$$

$$I_z = -\frac{1}{2} \quad \begin{cases} \pi^- + p \to \pi^0 + n & \text{(d)} \\[2mm] \qquad\;\to \pi^- + p & \text{(e)} \end{cases}$$

$$I_z = -\frac{3}{2} \qquad \pi^- + n \to \pi^- + n \qquad \text{(f)}$$

이다.

이들 6개 식을 위쪽 절반과 아래쪽 절반으로 나누어 위아래를 뒤집어 놓으면 꼭 아이소스핀의 방향을 뒤집어 놓은 것과 결과가 같아진다. 따라서 아이소스핀의 보존법칙으로부터 이 조작에 의해 서로 대응되는 반응은 같은 산란단면적을 가졌다고 결론지을 수 있게 된다.

그뿐만 아니라 사실은 좀 더 강한 제한이 덧붙여질 수 있다. 수학을 사용하지 않고는 설명하기 어렵기 때문에 자세한 것은

언급하지 않겠으나, 아이소스핀을 벡터(Vector)로 생각하고 길이가 $I=1/2$인 벡터(핵자)와 길이가 $I=1$인 벡터(π중간자)를 더해 주면 양자론에서는 $I=1\pm1/2$, 즉 3/2과 1/2의 두 가지 가능성밖에 생기지 않게 된다. 이를테면 위의 식에서 $I_z=\pm3/2$인 반응은 $I=3/2$의 경우에 속하고 $I_z=\pm1/2$인 반응은 $I=3/2$과 $I=1/2$의 상태가 혼합된 것이라 볼 수 있다. 따라서 반응단면적은 $I=3/2$과 $I=1/2$의 두 경우에 관한 기본량을 적절히 조합함으로써 나타낼 수 있다. 그러나 어느 특정 에너지에서 어느 한쪽의 I가 압도적으로 큰 단면적을 주는 수가 있다. 이것은 이와 같은 I를 갖는 공명 상태(共鳴狀態)가 있을 때에 일어난다. 이것은 현악기(技樂器) 따위에서의 공명과 마찬가지 현상으로서 특정 진동수(즉 에너지)에서 두 입자가 충돌하면 의기투합하여 좀처럼 떨어지지 않고 준안정 상태(準安定狀態)를 만들어내어 단면적이 커진다고 생각하면 된다.

πN(π중간자-핵자)산란에 있어서 $I=3/2$인 공명이 일어났다고 하자. 이 경우 위에서 말한 6개의 반응단면적은 $I=3/2$에 대한 기본량만으로 나타낼 수 있게 되고 이 6개 단면적의 비는

$$a:b:c:d:e:f = 9:1:2:2:1:9$$

와 같이 일정한 비로 표시되게 된다.

역사적으로 유명한 πN의 3-3 공명 상태라 불리는 것은 하드론 반응에서 최초로 발견된 공명 상태였다(3-3이란 아이소스핀 3/2, 스핀 3/2인 상태를 뜻한다).

πN의 3-3 공명 상태

1950년대 초 시카고대학에서 새로운 사이클로트론이 가동하기 시작했다. 기획한 사람은 페르미이고, 사이클로트론의 에너지는 450MeV였다. 그 목적은 pp산란뿐만 아니라 π중간자를 만들어 그 성질을 조사하려는 데에도 있었다. 양성자빔을 적당한 표적에다 충돌시키면 원자핵 안에 들어 있는 양성자(P) 또는 중성자(n)와 반응하여 π중간자가 발생하게 된다.

$$p + p \rightarrow p + n + \pi^+$$
$$p + n \rightarrow n + n + \pi^+$$
$$\rightarrow p + p + \pi^-$$

만들어진 π중간자의 운동에너지는 0에서부터 200MeV 이상까지의 분포를 가진다. 이렇게 해서 발생시킨 π중간자를 자기장에 의하여 분리시켜 끌어내서 제2차적인 π중간자빔을 만들 수 있다. π중간자가 뮤온으로 붕괴되기까지는 수 미터를 달려갈 수 있으므로 π중간자빔을 다음 표적에 충돌시켜 πN산란의 실험을 한다는 것이 페르미 그룹의 계획이었다.

이 실험의 결과 야릇한 일이 발견되었다. π중간자빔의 에너지를 높여가면 산란단면적이 점점 증가하기만 하는 것이었다. 페르미가 어리둥절해하고 있을 때 젊은 이론가인 브루크너(Brueckner)가 π중간자-핵자의 공명 상태가 존재하는 것이 아닐까 하고 시사했다. 마찬가지 일이 일본의 후지모토(藤本陽一)와 미야자와에 의해서도 지적되었다.

공명 상태는 매우 수명이 짧은 입자라고 생각해도 된다. 이 공명 상태도 보통 입자처럼 일정한 양자수(스핀, 아이소스핀, 스트레인지니스 등)를 가지고 있다. 안정한 입자와 다른 점은 질량이 흐릿해져서 질량 측정치에 폭이 생긴다는 점이다. 이것은 시간과 에너지 사이의 불확정성 원리에 의거한 것으로서 수명이 짧을수록 폭이 넓어진다. 엄밀한 의미에서는 중성자나 π 중간자와 같은 입자도 모두 공명 상태라고 한들 조금도 나쁠 것이 없으나, 여기서 생각하고 있는 공명 상태의 수명은 이들의 경우보다 훨씬 짧아서 원자핵 사이즈 정도의 거리를 달려가는 동안에 붕괴해 버리는 아주 짧고 짧은 존재이다. 따라서 질량의 폭 자체도 수천만 eV가 되어 질량 자체와 비교하더라도 그리 작지 않은 수가 많다.

페르미의 πN산란의 실험에서 산란단면적이 에너지와 더불어 상승하고 있었던 것은 이와 같은 공명 상태가 일어날 에너지 폭 속으로 들어가기 시작한 에너지 영역이 있었기 때문이다. 즉 핵자의 들뜬 상태 N*이 있어서

$$\pi + N \to N^* \to \pi + N$$

과 같은 공명 과정을 일으킬 수도 있다. 공명산란의 전형적인 행동은 〈그림 7-7〉에서 보는 바와 같다. 이 산마루의 에너지가 공명 상태의 질량(의 중심값)이고 산의 너비가 질량의 폭을 나타낸다(폭이 좁을수록 마루높이도 높아지고 공명이 두드러진다). 산란 단면적에 날카로운 마루가 생기면 거기에 공명 상태가 있다고 생각하더라도 우선 틀림이 없다.

공명 상태는 일정한 양자수를 가지므로 이것을 결정하는 것도 중요한 문제이다. 이를 위해서는 앞의 '7장. 강한 상호작용과 아이소스핀의 보존'에서의 식과 같이 여러 가지 반응비(反應

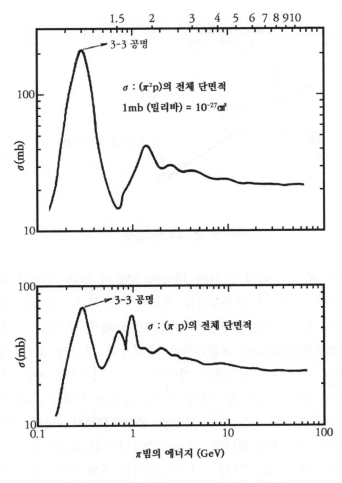

<그림 7-7> 파이중간자-핵자(πN)의 공명산란

比)를 관측하는 것이 가장 간단하다. 페르미의 실험에서는 반응 단면적의 비가 a:b:c=9:1:2가 되어 아이소스핀 3/2의 공명 상 태의 존재가 확립되었던 것이다.

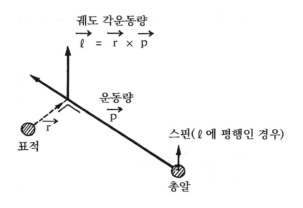

<그림 7-8> 궤도각운동량

　여기서 공명 상태의 스핀에 대하여 덧붙여 말해 두기로 하자. 스핀이란 요컨대 각운동량을 뜻하며 지금의 N*의 예로 말하자면 입사(入射)하는 π중간자의 궤도에 의해서 결정되는 궤도각운동량(軌道角運動量)과 π중간자와 중성자의 각각의 고유스핀(π중간자는 0, 핵자는 1/2)과의 합이다. 지금 입사하는 π중간자가 운동량 p를 가지고 중성자의 표적을 향하여 직진해 온다 하자. 그러나 겨냥이 빗나가서 표적의 중심으로부터 r만큼 떨어진 장소로 향했다고 한다면 그 π중간자의 궤도각운동량은 ℓ =r×p이며 벡터로는 <그림 7-8>에 표시한 바와 같이 궤도 면에 수직한 방향(z축)으로 향하고 있다. 양자론을 좇아서 ℓ 은 플랑크 상수 $\hbar$의 정수배로 양자화(量子化)된다. 핵자의 스핀이 이 방향으로 평행(상향)이냐, 반(反)평행(하향)이냐에 따라서 전체 각운동량 j는 $(\ell-1/2)\hbar$ 또는 $(\ell+1/2)\hbar$가 된다. 이를테면 j=3/2$\hbar$가 되는 것은 ℓ =1에서 중성자의 스핀이 평행이거나 ℓ

=2에서 반평행인 경우이다.

일반적으로 입자 사이의 상호작용은 각운동량에 의하여 달라지므로 특정한 j에서 특정한 에너지일 때에 강한 인력을 보이는 수가 있다. 이와 같은 경우에 공명이 일어날 수 있는 것이다. 고전역학적으로 알기 쉽게 설명하면 N*(j=3/2)인 경우에는 ℓ=1, 스핀이 평행이 되었을 때 강한 인력이 π중간자와 핵자 사이에 작용하여 π중간자는 핵자 주위를 몇 번이나 빙글빙글 돌아간 뒤에 튀어 나가 버린다고 생각하면 된다. 돌아가는 횟수가 많을수록 '수명'이 길고 따라서 공명에너지의 폭이 좁아진다.

그렇다면 N*의 스핀이 j=3/2이라는 것은 어떻게 하여 알 수 있을까? 이것을 결정해 주는 간단한 판단 기준이 두 가지 있다. 하나는 산란의 각분포로서 j값에 의하여 특유한 패턴을 보여주게 되어 있다. 대충 말하자면 j가 클수록 각분포가 복잡하게 진동한다. 또 하나는 산란단면적 자체의 크기로서 이것은 입사파(入射波)의 드 브로이 파장의 제곱과 j와는 비례한다고 생각하면 된다.

일반적으로 하드론끼리의 반응에서는 공명 상태가 매우 많이 존재한다. N*을 실마리로 하여 그 후 잇달아 이와 같은 공명 상태가 여러 개 발견되어 왔다. 그 수는 사실상 무한이라고 해도 된다. 그것은 하드론이 실은 복합 입자이며, 그 내부에서의 들뜬 상태 여하에 따라서 여러 가지 공명 상태가 생기기 때문이라고 생각하는 것이 자연스러울 것이다. 이미 원자나 원자핵에서도 마찬가지 사정이 있다는 것이 잘 알려져 있으므로 그런 의미에서는 하드론도 그다지 다를 바가 없다는 것이다.

8장
대칭성과 보존법칙

대칭성이란?

지금까지 여러 가지 양자수에 관해 설명을 했고 그것들이 소립자의 반응에 선택법칙을 준다는 것을 설명했다. 보존법칙은 실제로 유용할 뿐만 아니라 자연현상의 일반 원리를 반영하는 것으로도 매우 중요시되고 있다. 보존법칙에는 에너지나 전하에 관한 보존법칙과 같이 절대적인 것과 스트레인지니스나 아이소스핀처럼 근사적(近似的)인 것이 있는데 특히 앞의 것은 자연계의 헌법과도 같은 것이다.

이를테면 '영구기관(永久機關)'을 만들 수 없다는 이야기를 여러분도 들은 적이 있을 것이다. 에너지를 '무(無)'에서부터 자꾸만 만들어내는 영구기관은 하늘을 날아가는 기계라는 생각과 마찬가지로 인간의 꿈으로서는 그럴듯한 이야기이지만 물리학자는 영구기관이 절대로 불가능한 것이라고 아예 거부하고 만다. 그들은 왜 그렇게도 확신을 가지고 보존법칙을 신성한 것인양 숭앙하는 것일까? 그것을 설명하는 것이 이 8장의 목적이다.

한마디로 말하여 보존법칙은 자연계의 모든 대칭성(對稱性)과 밀접하게 관련되어 있다. 예컨대 어떤 종류의 대칭성이 하나 있으면 그것에 수반하여 반드시 하나의 보존법칙이 존재한다는 것이 일반적인 정리(定理)이며 이것은 독일의 수학자 에미 뇌터 (Emmy Noether)에 의하여 증명되었다. 이 장에서는 수학적인 전개에까지 깊숙이 개입할 수 없기 때문에 극히 직관적인 해설로 그쳐 두기로 한다. 우선 운동량과 에너지의 보존법칙에서부터 시작하기로 한다.

이들 보존법칙은 각각 공간과 시간의 등질성(等質性)에서 유래되는 것이라고 생각되고 있다. 등질성이란 어느 임의의 한 점을 택하더라도 다른 점과 같은 성질을 가진다는 성질이다. 공간의 어느 한 점, 어느 한 시각에서의 물리현상을 관장하는 법칙은 다른 점, 다른 시각으로 옮겨 놓더라도 불변하다. 파동의 경우를 예로 들면 일정한 파장, 일정한 진동수를 갖고 공간적으로나 시간적으로 어디까지고 계속되는 파동이 존재하는 것은 이때문이다. 그리고 양자론에서는 파장과 운동량 사이, 진동수와 에너지 사이에 아인슈타인-드 브로이의 관계가 맺어져 있다는 사실로부터 보존법칙과 등질성 사이에는 어떤 관계가 있다는 것도 어렴풋이 이해할 수가 있을 것이다.

마찬가지로 각운동량의 보존법칙은 공간의 등방성(等方性)과 관계된다. 등방성이란 어느 한 점 둘레에서 어느 쪽으로 방향을 바꾸어도 사정이 변하지 않는 것을 말한다. 등질성과 등방성은 시간, 공간이 갖는 근본적인 대칭성이라고 간주되므로 그것에서부터 이끌어지는 보존법칙이 절대적인 것으로 중요시되는 것은 당연하다면 당연할 것이다.

위의 설명으로 이미 알아챘을 것이라고 생각되나 대칭성이란 몇 개의 동등한 입장이 존재할 때 그 한쪽으로부터 다른 쪽으로 옮겨가도 자연법칙이 변하지 않는 것을 뜻한다. 이와 같은 생각에 의하면 아이소스핀과 같은 근사적인 보존법칙에다 이것을 적용해 보는 것도 수월하다. 즉 양성자와 중성자 또는 π^+, π^0, π^-가 거의 같은 성질을 가지고 있고 이것들을 뒤바꾸어 넣

더라도 그 차이가 눈에 띄지 않기 때문에 아이소스핀이 거의
다 보존되는 것이다.

그렇다면 전하의 절대보존은 어떠한 대칭성에 근거할까? 한
마디로 말하면 전하는 일종의 각운동량과 같은 것이라고 생각
된다. 다만 각운동량이라고 하더라도 실제 공간에서의 회전에
관한 것이 아니고 양자역학적인 파동(파동함수)의 위상(位相) 진
행에 관한 추상적인 성질의 것이다. 전하가 0, ±1, ±2 ……
로 양자화되고 있는 것은 보통의 각운동량의 경우와 유사하다.
이와 같이 전하를 기하학적인 개념으로 해석하는 것이 뒤에서
말할 게이지장(Gauge 場) 이론의 출발점이다.

이야기를 시공(時空)의 대칭성으로 되돌리자. 시공의 대칭성은
아까 말한 좌표계의 이동과 회전에만 그치는 것이 아니고 반전
(反轉)이라는 것도 생각할 필요가 있다. 반전에는 공간반전과 시
간반전의 두 종류가 있는데 그 특징은 조금씩의 연속적 변환(變
換)이 아니고 단번에 비약하는 변환으로서 더군다나 두 번을 반
복하면 원상으로 되돌아오게 되어 있는 변환이다.

공간반전은 경영변환(鏡映變換)이라고도 불린다. 거울 속에 비
쳐서 좌우 또는 상하를 뒤집어보면 어떻게 되느냐는 것이 문제
이다. 인간은 대체로 좌우대칭으로 되어 있으므로 거울에 비친
자신의 모습을 어김없는 자신이라고 생각하더라도 큰 잘못은
저지르지 않지만, 거울 속에서는 오른손잡이가 왼손잡이가 된
다는 것은 누구나 다 잘 알고 있다. 이 세상에서는 아무리 방
향을 바꾸어 보더라도 오른손잡이를 왼손잡이로 바꿀 수 없으
므로 거울 속의 세계와 본래의 세계는 별개의 것이다.

위의 사실을 앞에서 설명한 연속적인 대칭성과 비교해 보기

로 하자. 지금 당신이 친구 K 씨의 컬러 슬라이드 2장을 가졌다고 하자. 하나는 서울역에서 또 하나는 대전역에서 찍은 것인데 스크린에 비쳐볼 때 둘 다 같은 K 씨라는 사실에는 의심의 여지가 없다. 즉 K 씨의 모습은 160㎞쯤 되는 좌표이동에 관해서 불변이었던 것이다. 그러나 만약 잘못하여 슬라이드를 뒤집어 비쳤다고 하면 어떻게 될까? 그리고 그 K 씨의 오른뺨에 점이 있었다고 하면 그 차이를 금방 알아채고 뒤집혀진 것을 알아낼 것이다. 이러한 K 씨는 존재하지 않는다고 말이다.

이것에 반하여 소립자와 같이 '형태'를 갖지 않는 기본 단위에 대해서는 좌우의 구별이 없다고 생각하는 것이 자연스럽다. 즉, 거울에 비친 세계도 본래의 세계와 마찬가지로 '원리적'으로 그 존재가 가능하며, 같은 자연법칙을 좇는다고 생각된다. 그런 의미에서는 K 씨의 경우도 왼쪽 뺨에 점이 있는 그림자와 같은 K 씨가 존재하지 못할 까닭은 없다.

이와 같은 공간반전의 대칭성에 수반되는 보존법칙은 패리티의 보존법칙이라 불리며 양자론에서 비로소 그 효과가 나타난다. 그것은 반전에 의하여 양자역학적인 파동의 마루와 골짜기가 뒤집혀지느냐 어떠냐는 것이 문제가 되기 때문이다. 이를테면 어느 점 주위를 회전하는 파동이 짝수 개의 마루와 골짜기(각운동량 l =짝수)를 가지면 반전에 의하여 마루를 마루로 옮길 수가 있으나, 홀수 개(l =홀수)라면 마루가 골짜기로 바꾸어진다. 앞의 경우 패리티는 플러스이고 뒤의 경우는 마이너스라 불린다. 어떤 반응에 있어서 처음 상태와 끝 상태의 패리티가 같다고 하는 것이 패리티의 보존법칙이다.

각운동량에 궤도각운동량과 고유 스핀이 있듯이 패리티에도 궤도에 의한 것과 고유의 패리티가 있을 수 있다. 그리고 패리티는 보통의 양자수와는 달라서 플러스나 마이너스의 두 종류밖에 없으므로 복합계(複合系)의 패리티는 개개 패리티의 합이 아니라 곱이라고 정의된다. 이를테면 π중간자의 고유 패리티는 마이너스이지만 π중간자 2개가 결합하면(상호의 궤도각운동량이 이를테면 0일 때) 합성계의 패리티는 플러스가 된다.

패리티의 비보존

패리티의 보존, 즉 좌우의 평등성은 공간의 대칭성의 일부로 당연하게 생각되어 오고 있었는데 이것이 1956년에 갑자기 뒤집혀 물리학계에 큰 충격을 던져 주었다. 사태의 발단은 K중간자의 붕괴였다. K중간자는 〈그림 7-1〉에서 보는 바와 같이 기묘 입자의 하나로서 K^+, K^0(스트레인지니스 +1)인 한 조와 그것의 반입자인 K^-, K^0(스트레인지니스 −1)인 한 조가 있고, 아이소스핀은 1/2이지만 약한 상호작용에 의하여 여러 가지 입자로 붕괴한다. 이를테면 K^+의 경우

$$K^+ \rightarrow \pi^+ + \pi^0 \qquad (\tau^+, \text{타우})$$
$$\rightarrow \pi^+ + \pi^+ + \pi^- \quad (\theta^+, \text{세타})$$
$$\rightarrow \bar{\mu}^+ + \nu_\mu \qquad (K_{\mu2})$$

등의 과정이 각각 일정한 확률을 갖고 일어난다. 그러나 K중간자가 V입자로서 처음으로 관측되었을 때만 해도 이것들이 같은 어미 입자가 붕괴한 것인지 아닌지가 명백하지 않았기 때문에 붕괴 과정에 따라 위 식의 괄호 속에 보인 이름이 붙여졌었다(그림 7-5). 어미가 동일한 입자이기 위해서 질량이 동일해야

한다는 것은 당연한 일이지만, 그 밖의 스핀, 패리티 등의 모든 양자수도 일치할 필요가 있어 보였다.

얼마 안 있어 τ입자와 θ입자의 질량은 동일하다는 것이 밝혀졌다. 스핀에 대해서도 마찬가지여서 모두 0이었다. 그런데 패리티만은 τ입자 쪽이 마이너스(-)이고 θ입자 쪽은 플러스(+)라는 결과가 나왔다(π중간자의 패리티가 마이너스라는 것을 사용하고 있다).

그렇다면 τ입자와 θ입자는 우연하게도 질량과 스핀은 같으나 패리티가 서로 다른 입자일까? 이것이 이른바 'τ-θ의 수수께끼'로서 이론가들의 골치를 썩게 한 것인데, 이 문제는 이윽고 프린스턴 고등연구소의 젊은 물리학자인 양전닝(楊振寧)과 컬럼비아대학의 리정다오(李政道)에 의하여 멋지게 해결되었다. 그들은 β붕괴 등과 같은 약한 상호작용에 있어서는 패리티가 보존되고 있다는 증거가 아직 없다는 것을 지적하고 τ입자와 θ입자의 경우 이 두 입자들은 같은 입자이지만 패리티가 보존되지 않기 때문에 때로는 2개의 π중간자, 때로는 3개의 π중간자로 붕괴할 수 있다고 설명했던 것이다.*

* **양전닝**(楊振寧)은 중국 안휘성(安徽省) 출신으로 2차 세계대전 후 미국 시카고대학에 입학했다. 그 무렵은 「수소폭탄의 아버지」라 불리는 테일러와 페르미 등이 아직 시카고에서 활약 중이었는데, 양은 형식적으로는 테일러의 제자가 되었다. 페르미-양의 이론은 그 무렵의 산물인데 강자성체의 아이징 모형에 관한 논문도 유명하다. 이어 프린스턴 고급연구소의 멤버가 되었고 소장 오펜하이머의 지원을 받았다. 1954년에 밀스와 더불어 양-밀스 이론을 발표하여 비아벨 게이지장 이론을 창시했는데, 그 진정한 물리적 의의가 인식되기까지에는 수십 년이 걸

거울에 비치면 좌회전이 우회전으로

그래서 그들의 가설을 시험하기 위하여 곧 실험이 행해졌다. 컬럼비아대학의 레더먼(페르미 국립 가속기 연구소 소장) 그룹은 $\pi - \mu - e$(π중간자-뮤온-전자)의 붕괴 과정을 분석하고 같은 대학의

렸다. 1956년 이른바 '타우, 세타(τ, θ)의 수수께끼'('8장. 패리티의 비보존' 중반부 참조)에 힌트를 받아 리정다오(李政道)와 공동으로 패리티 비보존의 일반론을 발표했다. 몇 달 후에 동료인 우젠슝(吳健雄) 교수의 실험과 레더먼의 실험이 나와 이것이 훌륭하게 확인되어 이듬해 두 사람은 중국 사람으로는 처음으로 노벨상을 공동 수상했다. 자연이 대칭성을 지키지 않는다는 것을 분명히 제시한 점에서 물리학자들에게 준 충격이 컸다. 미국 뉴욕 주립대학의 교수로 있었다.

리정다오(李政道)는 중국 상하이(上海) 출신으로 양전닝의 후배이며 시카고대학으로부터 프린스턴 고급 연구소로 같은 길을 밟았다. 시카고에서의 그의 지도교수는 유명한 천체물리학자인 찬드라세카르였다. 찬드라는 위스콘신주의 여키즈 천문대로부터 매주 시카고로 나와 리와 양을 위해 강의한 적이 있다. "나의 한 클래스가 모조리 노벨상을 받았다"고 한 것은 찬드라의 술회이다. 양과 마찬가지로 리에게는 통계역학과 장의 이론에서도 업적이 많다. 미국 컬럼비아대학의 교수로 있었다.

우젠슝(吳健雄) 교수 그룹은 코발트(의 아이소토프)의 β붕괴를 분석하여 그 결과 어느 경우에 있어서도 패리티가 존재하지 않는다는 것을 입증했다.

이들 실험에서 밝혀진 두드러진 점은 중성미자의 스핀에 관한 것으로서 β붕괴 때 전자 e와 함께 방출되는 중성미자 ν는 좌회전이고, 양성자와 함께 방출되는 반중성미자 $\bar{\nu}$는 우회전의 상태밖에 없다는 점이었다. 여기서 좌회전이니 우회전이니 하는 것은 빛의 원편광(圓偏光)처럼 스핀의 회전 방향이 중성미자의 전파 방향(傳播方向)을 향해 왼쪽(-1/2)으로 회전하느냐 오른쪽(+1/2)으로 회전하느냐는 것을 뜻한다.

거울에 비쳐 보면 좌회전이 우회전으로 바뀐다는 것은 다음 그림을 보아 명백하다. 그러므로 자연은 반드시 패리티의 보존을 지키는 것만은 아니었던 것이다. 실제 실험에서는 중성미자의 스핀이 직접 관측되는 것은 아니지만 결과적으로 β붕괴 때 전자가 방출되는 방향에 관해 비대칭성이 생긴다. 레더먼의 실험에서는 사이클로트론으로 만들어진 π중간자가 μ^-(뮤온)과 $\bar{\nu}$(반중성미자)로 붕괴되고, 다시 이 μ^-이 e^-(전자)를 방출했다고 하면 e^-가 μ^-의 운동 방향으로 나오는 비율 쪽이 반대 방향으로 나오는 비율보다 많아진다.

CP의 파탄

중성미자의 경우 좌우의 대칭성이 없다는 것을 알게 되었으나 조금만 양보한다면 대칭성이 아직도 남아 있다고도 말할 수 있다. 왜냐하면 중성미자 ν는 좌선(左旋)적이고 반중성미자 $\bar{\nu}$는 우선(右旋)적이므로 경영(鏡映)과 동시에 입자를 반입자로 바꾸면 된다. 입자-반입자의 치환(置換)은 모든 입자에 대하여 동시에 하지 않으면 의미가 없기 때문에 전자나 양성자의 전하가 반대로 된다. 그런 의미에서 이런 변환은 전하반전(電荷反轉)이라고 불리고 있다. 위에서와 같이 전하(Charge)와 패리티(Parity)의 반전을 동시에 하는 경우는 Charge와 Parity의 머리글자를 따서 보통 CP라 약칭한다.

자연계의 법칙은 약한 상호작용을 제외하고는 C 및 P의 조작에 대하여 대칭이며 약한 상호작용의 경우에도 CP의 동시 조작에 대해서만은 대칭이라는 생각이 패리티 실험 이후 몇 해 동안 통용되어 있었다. 실제로 고립된 세계의 입자를 모조리 반입자로 치환하더라도 전하의 부호는 상대적인 것이므로 아무런 전자기적인 차이가 생기지 않으며, 약한 상호작용에 관해서도 거울에 비쳐보면 우선적인 반중성미자 $\overline{\nu}$ 는 좌선적으로 바뀌어서 최초의 중성미자 ν의 세계와 일치해 버린다. 위에서 말한 $K^{\pm}$의 예에 있어서도 K^+와 거울 속의 K^-는 같은 행동을 할 것이다.

그러나 CP의 대칭성마저도 깨뜨려진 현상이 있다는 것이 1964년에 발견되어 물리학자들은 다시 한 번 깜짝 놀라게 되었다. 발견자는 프린스턴대학의 피치(V. L. Fitch)와 크로닌(J. W. Cronin)이었고, 현상은 또다시 K중간자의 붕괴에 관한 것이었는데 패리티의 비보존 때보다도 한층 더 미묘한 설명이 필요한, 설명이 매우 힘든 것이었다(이 업적으로 피치와 크로닌은 노벨상을 수상했다).

CP의 비보존에 매우 민감하고 편리한 시험이 있다. 그것은 중성 K중간자, 즉 K^0와 $\overline{K}^0$이다. 이들은 서로 반입자이지만

V입자로서 관측되는 것은 위의 $K^\pm$의 경우처럼 2개의 π중간 자($\pi^+ \pi^-$ 또는 $\pi^0 \pi^0$) 및 3개의 π중간자($\pi^+ \pi^- \pi^0$ 또는 $\pi^0 \pi^0 \pi^0$)로 붕괴를 할 때이다. 이들 상태는 전하에 대하여 대칭, 즉 C=플러스의 양자수를 가졌지만 패리티에 대해서 앞의 것은 플러스, 뒤의 것은 마이너스이다. 붕괴 과정에서 만약 CP가 보존된다면 앞의 것은 CP=마이너스인 입자의 붕괴이고, 뒤의 것은 CP=플러스인 입자의 붕괴가 될 것이다. 따라서 이들은 다른 어미 입자여야 한다.

CP=플러스인 입자는 K_1, 마이너스인 것은 K_2로 불리고 있다. 이들은 K^0, $\overline{K}^0$파동의 다음과 같은 일차결합이라고 생각된다.

$$K_1 = K^0 - \overline{K}^0 \quad (C = -1, \ P = -1, \ CP = +1)$$

$$K_2 = K^0 + \overline{K}^0 \quad (C = +1, \ P = -1, \ CP = -1)$$

반대로 K^0, $\overline{K}^0$는 K_1, K_2의 중첩(重疊)이라고도 볼 수 있다. 이 사정은 편광의 경우와 똑같다. 한 방향으로 편광된 직선편광은 우회전과 좌회전의 두 원편광의 합이라고도 볼 수 있고 반대로 원편광을 2개의 직선편광으로부터 중첩될 수도 있다. 어느 것이 더 기본적이라고는 말할 수 없다. 그러나 편광매질 속을 빛이 통과할 때 매질의 종류에 따라서 직선편광의 두 성분 중의 하나를 차단하거나 혹은 원편광의 두 성분 중의 하나를 차단하거나 한다. 그러므로 매질에 따라서 어느 쪽인가의 편광으로 사물을 생각하는 편이 편리해진다.

K중간자의 경우도 마찬가지로서 K중간자가 강한 상호작용에

의하여 만들어질 때는 스트레인지니스로 분류하여 K^0 또는
$\overline{K}^0$가 만들어진다고 생각하는 편이 낫고, 약한 상호작용에 의
하여 붕괴할 때는 CP로 분류하여 K_1 또는 K_2가 붕괴한다고
생각하는 편이 낫다. K_1과 K_2는 붕괴에 관해서는 서로 상이한
입자이므로 수명이 서로 다르더라도 상관이 없다. 실제로 K_1의
수명은 K_2의 수명의 1/100에 지나지 않는다. 그래서 예컨대
최초에 K^0(또는 $\overline{K}^0$)의 빔이 발생했다고 하면 이 빔은 K_1과
K_2가 혼합된 것이므로 먼저 K_1의 부분이 빨리 붕괴해 버리기
때문에 몇 미터나 달려가면 K_2만이 남게 된다.

피치와 크로닌은 이 남겨진 K_2도 2개의 π중간자로 붕괴될
수 있다는 것을 발견하였다. 즉, K_2는 2π로도 3π로도 붕괴할
수 있으므로 CP가 보존되지 않게 된다.

자연법칙은 시간반전에 대하여 불변한가?

CP에 대한 이야기를 할 때 자주 듣는 말에 CPT의 정리(定
理)라는 것이 있다. 여기서 T는 시간반전의 조작, 즉 영화 필름
을 반대로 돌리는 것과 같은 것을 뜻한다. 물리의 기본 법칙이
시간반전에 대하여 불변하다는 것은 예로부터 알려져 있다. 그
런데도 불구하고 실제 세계에서는 시간의 방향이 정해져 있고,
열은 반드시 온도가 높은 쪽에서부터 낮은 쪽으로만 흐르며,
인간은 나이를 점점 먹어만 간다. 그 까닭이 무엇인가 하는 문
제는 최근 100년 동안 물리학자를 괴롭혀 온 문제이지만 이것
을 논의하기 시작하면 끝이 없다.

그러나 지금 문제로 삼고 있는 것은 자연법칙이 정말로 시간

110

반전(T)에 대하여 불변하냐 어떠냐는 것이다. CPT의 정리에 따르면 일반적으로 자연법칙은 C, P, T의 세 종류의 반전조작을 연거푸 해주면 불변이어야 한다는 것이다. 만약 CP의 조작만으로는 불변이 아니라고 한다면 T의 조작이 그것을 지워버릴 터이므로 T만의 조작도 불변성을 깨뜨리는 것이 된다.

그러므로 결국 C에 대해서도 P에 대해서도 T에 대해서도 엄밀하게 자연계는 대칭성을 유지하지 못한다. 그러나 대칭성이 깨뜨려지는 것은 약한 상호작용에 관해서만일 뿐이며, 그 외의 대부분의 현상에는 영향을 끼치지 않는다. 자연은 사소한 흠이 있는 불완전한 것이기는 하지만 그것이 교묘하게 감추어져 있어서 눈에 띄지 않게 되어 있는 것이라고 말할 수 있다.

여기서 다시 한 번 분명히 일러두겠는데 일상세계에서 볼 수 있는 비대칭성과 지금 논의하고 있는 자연법칙의 비대칭성은 별개의 것이다. 인간에게는 오른손잡이가 많다. 유전자(遺傳子)의 DNA는 모두 우회전이다. 또 원자계는 핵자와 전자로 이루어져 있으며 반핵자, 반전자로 구성되어 있는 것은 아니다.

그러나 우리 세계에 P나 C의 조작에 의해서 만들 수 있는 세계가 원리적으로 불가능하다는 것은 아니다(좌회전의 DNA가 최근에 합성되었다고 한다). 이와 같은 뒤집힌 반세계(反世界)가 한 번 만들어져 버리면 그것은 우리 세계와 똑같이 행동하고 차이를 발견한다는 것은 쉽지 않을 것이다. 이를테면 반세계에서는 왼손잡이 사람이 많을 것이고 도로는 좌측통행이고, 지구는 서와 동이 거꾸로 되어 태양은 동쪽(반전 전의 서쪽!)에서 떠오르겠지만 그런 세계에서 사는 주민들이 그 차이를 알 수 있을 것인지?

　설사 자연법칙 자체는 좌우대칭이라고 하더라도 이 우주 세계를 실현하는 데는 최초에 어떤 초기 상태로부터 출발해야 한다. 이것을 초기조건(初期條件)이라고 하는데 이 초기조건을 택하는 방법은 얼마든지 있다. 즉 우연에 지배된다고도 말할 수 있다. 그러나 무수한 소립자로부터 이루어지는 실제의 세계는 매우 복잡하기 때문에 최초에 우연히 좌회전 분자가 만들어지게 되면 그것의 영향을 받아 이것에 잇따르는 화학 반응이 모조리 좌회전 분자밖에는 사실상 만들어지지 않게 될지도 모른다. 즉 초기조건에 의하여 사실상의 비대칭성이 이룩될 수 있는 것이다.

　부화뇌동(附和雷同)하는 성질은 인간에게만 있는 특성이 아니고 물리현상에도 적용된다고 할 수 있다. 그 때문에 대칭성이 자연히(또는 자발적으로) 깨뜨려져 보이는 예가 숱하게 있는데 그것에 대한 자세한 설명은 19장에서 하기로 한다.

9장
하드론의 복합 모형

기본 입자에의 기대

나카노-니시지마-겔만(NNG)법칙에 의하여 하드론의 반응에는 분명한 규칙성이 있으며 이 규칙성은 각각의 하드론이 아이소스핀과 스트레인지니스라는 양자수를 걸머지고 있기 때문이란 것을 알았다. 한편 하드론에는 많은 공명 상태(들뜬 상태)가 있고 원자나 원자핵과 같은 복합 입자로서의 특징도 가진다는 것을 알게 되었다. 이 두 가지 사실을 관련시켜 생각한다면 하드론이 어떤 기본적 입자의 조합으로 이루어져 있고, 그 기본 입자 자체가 이들 양자수를 지니고 있다고 보는 것이 자연스러울 것 같다.

그러나 미지의 입자를 도입한다는 것은 나중에 가서 돌이켜 보면 아무것도 아닌 것 같아도 당시로서는 그리 쉬운 일이 아니었다. 양성자와 중성자가 원자핵을 만들고 있고 π중간자가 핵력을 매개한다는 이미지가 이미 확립되어 있고 그것으로 특히 모순될 만한 일이 없다고 할 때에, 그것을 다시 깨뜨려 버리려는 이미지를 만드는 데는 상당한 용기가 필요했었다. 적어도 연구자라면 그것이 절대적으로 필요하지 않는 한, 새로운 가설은 극력 피하려 할 것이다. 실증을 무엇보다도 중시하는 자연과학의 전통으로서는 매우 지당한 일이다.

그러나 한편으로는 현상의 표면적 기술(記述)만이 자연과학이 아니라는 것도 역사가 싫도록 가르쳐 주고 있다. 다행히도 일

114

본의 물리학에는 유카와 이론과 같은 건설적인 사고방식을 중시하는 전통이 있다. 유카와의 협력자였던 사카타(坂田), 다케다니(武谷三男) 등의 물리학자가 특히 이 점을 의식적으로 강조하고 소립자물리의 연구가 어떠해야 할 것인가라는 방법론을 강력히 주장했던 것은 후진 연구자들에게 커다란 영향을 주었으며, 그 결과로 여러 가지 주목할 만한 성공을 낳게 하였다. 이것에 대해서는 나중에 다시 언급할 기회가 있겠지만 여기서는 사카타가 제창한 사카타 모형에서부터 시작하기로 한다.

페르미*와 양의 복합 모형

π중간자의 존재가 이미 확립된 지 얼마 안 가서 페르미와 양(楊)이 흥미로운 설(說)을 내놓았다. 양은 그 무렵 아직 시카고대학의 학생이었으며 그가 리(李)와 더불어 패리티의 비보존(非保存)을 예언하여 노벨상을 수상한 것은 그 후의 일이다. 페르미-양의 설이란 π중간자를 핵자와 반핵자의 복합 입자라 보더라도 양자수가 잘 설명될 수 있다는 점을 지적한 이론이다. 즉 양성자 p, 중성자 n, 반양성자 $\bar{p}$, 반중성자 $\bar{n}$의 결합 시에

$$\pi^+ = p\bar{n}, \ \pi^- = n\bar{p}, \ \pi^0 = (p\bar{p} - n\bar{n})$$

를 π중간자의 화학식이라고 하면 하전뿐만 아니라 아이소스핀도 정확하게 설명된다. 왜냐하면 p, n, $\bar{p}$, $\bar{n}$는 각각 I_z가 1/2, -1/2, -1/2, 1/2이고 π^+, π^-, π^0은 I_z가 1, -1, 0이기 때문이다. 다만 π^0의 식은 K_1, K_2의 식('8장. CP의 파탄' 후반부 참조)에서와 마찬가지로 파동의 중첩을 의미한다. 이 경우 뺄셈으로 되어 있는 것은 $\pi^\pm$와 함께 π^0이 길이 1인 아이소스핀에 대한

	p	n	p	n	π^+ ‖ pn	π^- ‖ np	π^0 ‖ pp-nn
I_z	1/2	-1/2	-1/2	1/2	1	-1	0
스핀	1/2	1/2	1/2	1/2	0	0	0
패리티	+	+	-	-			

〈그림 9-1〉 π중간자를 핵자와 반핵자의 복합인자로 생각해도(페르미-
   양 모형) 양자수의 계산이 맞는다

3개로 된 조를 만드는 데 필요하기 때문인데, 그 수학적 이유
는 여기서는 생략하기로 하겠다.

　이것으로 π중간자의 아이소스핀은 처리가 되었지만 스핀 쪽
은 어떨까? π중간자의 스핀은 0이고, 패리티는 마이너스였다.
핵자는 스핀 1/2을 가지므로 반대 방향의 스핀을 2개 결합시
키면 확실히 0의 스핀을 만들 수 있다(이 설명은 길어지므로 생
략한다). 그리고 패리티는 어떤가? 이것도 잘되어간다. 입자와
반입자는 서로 반대의 고유 패리티를 가지고 있어서 그 곱이
마이너스가 되기 때문이다.

* **페르미**(Enrico Fermi, 1901~1954)
이론에도 실험에도 획기적인 공헌을 한 이탈리
아의 만능 물리학자. 로마에서 출생하여 피사에서
학위를 받고 스물여섯 살에 로마대학의 교수가
되었다. 중성자를 사용한 실험적 연구로 1938년
노벨상을 받았는데 이론 쪽에서도 페르미-디랙
통계(1926), β붕괴의 이론(1934) 등이 특히 유명
하다. 이탈리아의 파시스트 정권을 피해 미국의
컬럼비아대학으로 옮겨 온 직후, 독일에서의 핵분열 발견 뉴스를 듣고 곧

소립자 세계에 있어서의 '소'와 '복'

그렇다면 실제로 π중간자는 핵자와 반핵자로 되어 있는 복합 상태일까? 원자나 원자핵이 복합계(複合系)란 것의 첫 번째 증거는 그것들을 완전히 분해해서 그 구성요소를 끌어낼 수 있다는 점이다. 그렇다면 π중간자도 분해할 수 있을까? 즉, 외부로부터 에너지 X를 주어서

$$X + \pi^- \rightarrow \bar{p} + n$$

과 같은 반응을 일으킬 수 있을까? π중간자의 시료(試料)를 마련한다는 것은 원자나 원자핵의 시료를 마련하는 것과 같은 의미로는 불가능하므로 그리 쉬운 일이 아니다. 그러나 위 식의 역반응은 생각할 수 있다. 이때 에너지 X는 여러 가지 입자(γ, π^0……)의 형태로 방출될 것이다. 그러나 이와 같은 반응은 지금까지 다루어온 여러 가지 예와 비교하여 하나도 다를 바가 없다. 같은 논의를 해 나간다면 광자는 전자, 양전자의 쌍으로 변환될 수 있으므로 광자는 후자의 복합 상태라고도 할 수 있을 것이다. 즉, 입자 사이의 변환이 자유롭게 일어나고 있는

바로 추적 실험을 시작했다. 이것이 원자력 연구의 시초이다. 1942년 12월 2일 페르미의 지도 아래 만들어진 시카고대학의 원자로가 임계 출력에 도달하여 지속 연쇄반응의 가능성이 실증되었다. 전후에 페르미는 순수물리학으로 돌아와 시카고에 사이클로트론을 건설하여 파이온(π중간자)의 실험적 연구를 시작했었으나 아깝게도 암 때문에 53세에 사망했다.

페르미는 선천적으로 지도자로서의 소질이 있어 그가 남겨 놓은 전통이나 전설은 지금도 시카고대학에 있다. 교실에서는 아주 명쾌한 강의를 하는 반면, 박사 과정에 입학할 때 그의 시험의 까다로움이란 유명한 것이었다. 나는 처음으로 그의 학술 강연을 들었을 때의 그의 인상을 친구에게 이렇게 적어 보낸 적이 있다. "페르미는 일류 무대에 선 배우와 같았다".

'소(素)'립자의 세계에서는 어느 것이 '소(素)'이고 어느 것이 '복(複)'인지 엄밀하게 정의하려 하면, 도무지 뭐가 뭣인지 알 수 없게 되어 버린다. 다만 수소 원자 따위의 경우에 한해서 말한다면 결합(結合)에너지가 구성 입자(양성자와 전자)의 질량에 비하여 매우 작은, 즉 느슨하게 결합되어 있는 상태이므로 그 구성 입자의 성질은 그다지 바뀌어 있지 않다. 이것에 반하여 π중간자의 경우에는 결합에너지가 핵자의 질량과 그다지 다르지 않을 만큼 크다. 그러므로 π중간자 속에 들어있는 핵자를 현미경으로 들여다본다면 어쩌면 단독인 핵자와는 생판 다른 형태를 하고 있을지도 모른다.

어찌 되었든 간에 소립자와 복합 입자의 구별은 어느 정도 편의적인 것에 지나지 않는다는 것을 인정할 수밖에 없다. 그러나 기본 입자의 수를 되도록 적게 하여 그것으로부터 다른 모든 입자의 성질을 이끌어낼 수만 있다면 개념(概念)의 절약이라는 점에서 큰 이익이 있을 것이다. 단순한 것에서부터 복잡한 것을 설명하는 것이 소립자론의 본래 목적이었다. 다만 실제 문제로서 철두철미하게 생각해 가면 소립자와 복합 입자의 차이가 흐릿해져서, 흑백을 가리듯이 분명하게 갈라놓을 수는 없다는 점을 여기서 일러두고 싶었던 것이다.

페르미와 양이 π중간자의 복합 모형을 얼마만큼이나 진지하게 생각했었는지는 알 수 없다. 본래 페르미는 당시의 양자론, 즉 유카와 이론 등의 기초가 되는 장(場)의 양자론이라는 것을 그다지 신용하지는 않았으므로 파격적인 일을 해 보았는지도 모른다. 왜 신용하지 않았느냐고 하면, 하나는 이 이론이 불완전해서 간단한 현상을 제외하고는 일반적으로 무의미한 해답을 내놓는다는 것이 알려져 있었기 때문일 것이다. 이러한 어려움, 즉 무한대의 자기(自己)에너지라고 일컬어지는 곤란은 그때 가까스로 도모나가(朝永振一郞), 슈윙거(Schwinger), 파인만(Feynman)에 의하여 일단 극복되었다고는 하지만 그것이 완전한 해결책인지 어떤지 분명하지 않았었다.

소립자를 기술하는 수학적인 채비와 어떤 소립자가 실제로 존재할 수 있느냐 하는 실재에 관한 문제는 일단 구별해두어야 한다. 앞의 것이 불완전하다고 하여 후자를 탐구하려는 일을 망설일 필요는 없는 것이다. 사카타는 페르미-양의 모형을 한 걸음 더 밀고 나가서 기묘 입자도 마찬가지 처방으로 해석하자는 시도를 하였던 것이다.

사카타 모형

사카타* 모형이라 불리는 이론에 의하면 기본 입자는 페르

---

* 사카타 쇼이치(板田昌一)

일본 도쿄(東京) 출신이다. 교토(京都)대학에서 유카와 히데키의 학생이자 협력자로서 다케다니(武谷三男), 고바야시(小林稔) 등과 함께 일본의 초기 중간자론의 발전에 공헌했는데, 이화학연구소(理硏)의 니시나(仁科), 도모나가(朝永) 그룹에 참가한 뒤 나고야(名古屋)대학으로 옮겨가 독자적인 입장을 전개했다. 다니가와(谷川), 사카타의 2중간자론은
1942년에, 사카타 모형은 1956년에 나왔다. 그 밖에도 유물변증법적 입장에 바탕하는 방법론적 주장과 비판을 집요하게 계속하여 저서, 강연 등을 통하여 젊은 연구자들에게 준 영향이 크다. 이를테면 그는 소립자의 층은 무한히 있다고 주장했는데 이것은 새로운 입자를 도입하는 데 대한 연구자들의 심리적인 저항을 줄이는 데 공헌했다. 그의 4쿼크 이론, 고바야시(小林)와 마스카와(益川)의 6쿼크 이론(18장 참조) 등의 예언자적인 탁출

미-양의 이론의 양성자(P)와 중성자(n) 외에 람다 입자(Λ)가 추가된다. 즉 p, n, Λ의 3개의 바리온이 기본 입자가 된다는 것이다. 이 이론에 따르면 모든 하드론은 중간자도 바리온도 모두 이 세 개의 기본 입자로 구성되는 복합 입자가 된다. 이를테면

$$\pi^+ = p\,\overline{n}, \quad \pi^- = n\,\overline{p} \text{ (페르미 - 양)}$$

$$K^+ = p\,\overline{\Lambda}, \quad K^0 = n\,\overline{\Lambda}$$

$$K^- = \Lambda\,\overline{p}, \quad \overline{K}^0 = \Lambda\,\overline{n}$$

와 같다. K중간자에 대해서는 페르미-양의 이론의 확장으로 되어 있다. 그러나 바리온에 대해서는 좀 까다롭다. 바리온은 페르미 통계를 좇으며 반기수의 스핀을 갖기 때문에 복합 입자로서는 pnΛ를 3(또는 5, 7…)개 포함해야 한다. 이를테면 시그마 입자(Σ)는 Λ와 π의 조합이고 크사이 입자(Ξ)는 Λ와 K의 조합과 같은 것이므로

$$\Sigma^+ = \Lambda\,\pi^+ = \Lambda\,p\,\overline{n}$$

$$\Xi^0 = \Lambda\,\overline{K}^0 = \Lambda\,\Lambda\,\overline{n}$$

등으로 생각한다.

사카타 모형의 큰 이점은 NNG법칙의 기원을 훌륭하게 이해할 수 있다는 점이다. 즉 양성자 p와 중성자 n이 아이소스핀 ±1/2을 걸고 Λ입자가 스트레인지니스를 건다. 이들 양자수는

한 견해가 나온 것도 이상할 것이 없다. 현재 소립자론의 발전은 그가 쓴 줄거리대로 나가고 있다고 해도 지나친 말은 아닐 것이다.

결국 3개의 기본 입자를 구별하는 표지(標識)에 불과하게 된다. 그리고 대칭성과 보존법칙 사이의 관계를 설명했을 때 아이소스핀의(근사적인) 보존을 양성자와 중성자의 상사성(相似性)에다 귀착시켰는데, 같은 논의를 양성자와 중성자, 람다 입자의 세 입자조에 대해서도 적용시켰으면 하는 착상을 한다는 것은 자연스러운 일일 것이다.

이 아이디어를 실행에 옮긴 것이 이케다(池田峰夫), 오가와(小川修三), 오누키(大貫義郎)(이하 머리글자를 따서 IOO로 약기한다) 세 사람과 야마구치(山口嘉夫)이다. 수학 술어를 사용하면 3입자조가 갖는 대칭성은 SU_3, 대칭성이라 불린다. SU란 특수 유니타리군(群, Special Unitary Group)의 약기(略記)로서, 세 가지 상태를 혼합하는 변환이 SU_3이라는 군(群)을 형성한다는 것을 의미하고 있다. 마찬가지로 하여 두 가지 상태(이를테면 p와 n)를 혼합하는 변환을 SU_2라 하고 이것이 가져다주는 대칭성이 즉 아이소스핀 대칭성이다.

두 가지의 서로 다른 상태를 구별하는 데는 각각에 다른 표지, 즉 양자수를 부여하면 된다. 아이소스핀의 성분 I_z가 $\pm 1/2$(상향 또는 하향)이라 하는 듯이 말이다. 다음으로 제3의 상태를 처음의 두 상태로부터 구별하는 데는 또 하나의 새로운 양자수가 필요하다. 스트레인지니스 S가 바로 이 역할을 하고 있다. 양성자와 중성자는 $I_z=\pm 1/2$, S=0이고 Λ입자는 $I_z=0$, S=-1이므로 I_z와 S를 지정해 주면 3입자조 중의 어느 것을 지정하는지가 확정된다(그림 9-2).

이것을 일반화하면 n개의 조에는 n-1개의 양자수가 수반하게 된다.

$$\begin{array}{ccccccc} & \text{p} & \text{n} & \Lambda & \overline{\text{p}} & \overline{\text{n}} & \overline{\Lambda} \\ I_z & \tfrac{1}{2} & -\tfrac{1}{2} & 0 & -\tfrac{1}{2} & \tfrac{1}{2} & 0 \\ S & 0 & 0 & -1 & 0 & 0 & 1 \end{array}$$

$$\begin{array}{cccc} & & \overline{\Lambda} & \\ \text{n} & \text{p} & \overline{\text{p}} & \overline{\text{n}} \\ \Lambda & & & \end{array}$$

$$S \uparrow \\ \mid \longrightarrow I_z$$

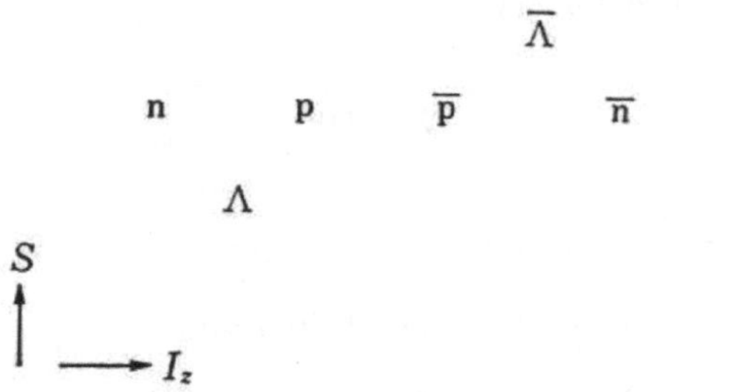

〈그림 9-2〉 3입자조에는 2개의 양자수

그러나 양자수의 선택 방법에는 커다란 임의성이 있다. 이를 테면 (p, n, Λ)인 경우, 정말로 이 세 가지 상태의 물리적 성질이 같다고 한다면, 중성자와 Λ입자를 I_z로 구별하고, S를 써서 양성자를 중성자 및 Λ입자로부터 구별하더라도 아무런 지장이 없을 것이다. 그러나 실제로는 양성자, 중성자, Λ입자의 세 형제 중에서 양성자와 중성자가 특히 서로 닮았기 때문에 NNG식에 의한 양자수 배정에 뜻이 있었던 셈이며, 단순히 역사적 관습에만 의한 것은 아니었다.

앞 장에서 아이소스핀(SU₂)의 대칭성은 단순히 I_z의 보존뿐만 아니라 서로 상이한 반응 사이의 관계까지도 부여해준다는 것을 설명하였다. 마찬가지의 것을 SU₃에 대해서도 말할 수 있

122

대칭적인 조(6)

$$nn \qquad pn + np \qquad pp$$

$$n\Lambda + \Lambda n \qquad p\Lambda + \Lambda p$$

$$\Lambda\Lambda$$

반대칭적인 조(3)

$$pn - np$$

$$n\Lambda - \Lambda n \qquad p\Lambda - \Lambda p$$

〈그림 9-3〉 3×3의 복합 상태

다. 즉, 양성자, 중성자, 람다 입자 사이에 존재하는 다소간의 차이를 무시한다면 이들의 조합으로 만들 수 있는 여러 가지 반응 사이에는 근사적인 관계가 존재하게 된다. 이것이 IOO의 SU₃ 대칭성 이론이 가져다주는 유력한 결과의 하나이다.

그뿐만 아니라 SU₃의 대칭성 논의로부터 일반적으로 3개의 기본 입자(및 반입자)를 몇 개인가 조합했을 때 어떠한 다중조(多重組)가 만들어지는가를 알 수 있다. 이를테면 세 종류의 기본 입자(p, n, Λ)로부터 두 입자의 복합 상태를 만들면 그 종류는 3×3=9만큼이나 있다(pp, pn, np 등). 그러나 두 입자의 치환에 관한 대칭성을 고려하면 이것이 2개의 다중조, 즉 대칭적인 조(6종류)와 반대칭적인 조(3종류)로 갈라진다. 이들 2개조는 물리적 성질, 이를테면 질량 따위가 다르더라도 상관이 없게 된다(그림 9-3).

8입자조 $n\bar\Lambda$ $p\bar\Lambda$

$n\bar p$ $p\bar p - n\bar n$ $p\bar n$
$p\bar p + n\bar n - 2\Lambda\bar\Lambda$

$\Lambda\bar p$ $\Lambda\bar n$

1입자조 $p\bar p + n\bar n + \Lambda\bar\Lambda$

〈그림 9-4〉 3×$\bar 3$의 복합 상태

마찬가지로 입자와 반입자의 조합으로 이루어지는 상태 역시 9종류인데 이 경우에는 대칭성의 논의로부터 8입자조(8개의 입자로 된 뭉치를 이하 8입자조라 부르기로 한다)와 1입자조(상동)로 나누어지는 것을 볼 수 있다(그림 9-4).

pnΛ 및 pnΛ의 3입자조를 각각 3, 3으로 나타낸다면

$$3 \times 3 = 6 + \bar 3$$
$$3 \times \bar 3 = 8 + 1$$

과 같이 일종의 산수와 같은 식이 성립한다. 여기서 우변의 $\bar 3$은 그 양자수가 반입자인 $\overline{pn\Lambda}$와 동등하다는 의미이다.

IOO의 대칭성의 위력을 시험해 보려면 먼저 중간자족을 살펴보면 된다. 중간자족이 3×3에 속하는 것이라고 한다면 〈그림 9-4〉의 8입자조는 어김없이 〈그림 7-1〉의 8입자조(π, K, η)에 대응한다. 나머지인 1입자조는 어떠냐 하면 이것은 η'로

불리는 중간자에 해당하는 듯하며 그 질량은 다른 8개보다 상당히 동떨어져 무겁기 때문에 위 식의 분류법에 알맞게 된다. 뿐만 아니라 8입자조의 질량 차에 관해서도 이를테면 $K^+ = p\,\overline{\Lambda}$가 $\pi^+ = p\,\overline{n}$보다 무거운 이유는 Λ입자가 중성자 n보다 무겁기 때문이라고 쉽게 해석할 수 있다.

그러나 유감스럽게도 바리온 쪽으로 옮겨서 따져보면 이 사카타 모형은 좌절되고 만다. 이미 위에서 본 바와 같이 바리온의 경우에도 중간자의 경우와 마찬가지로 8입자조가 있다(그림 7-2). 사카타 모형에서는 그중의 p, n, Λ를 특별히 따내어 3입자조의 기본 입자로 생각했던 것이다. 그러나 나머지 5개(2, 3)의 성질이 p, n, Λ와 그다지 동떨어진 것은 아닌 셈이므로 이 5개만을 떼어 놓는다는 것은 부자연하기도 하고 또 도대체가 5입자조라는 것은 SU_3의 대칭성에는 존재하지도 않는다.

이 곤란을 빠져나갈 한 가지 길은 양성자, 중성자, 람다 입자와 동일한 아이소스핀과 스트레인지니스를 갖는 들뜬(공명) 상태가 알려져 있으니 이것들을 시그마 입자(Σ), 크사이 입자(Ξ)와 함께 묶어서 8입자조로 해석하는 방법이다.

그러나 이와 같은 시도는 성공하지 못했으며, 결국 겔만과 츠바이크(Zweig)가 제창한 쿼크 모형이 사카타 모형을 대체하게 되었다. 쿼크 모형에 대해서는 이미 2, 3장에서 그 내용을 소개한 바 있다. 이제 우리는 이 쿼크 모형이 하드론의 성질을 얼마만큼이나 잘 설명할 수 있는가를 10장 이하에서 자세히 설명하기로 하겠다.

10장
쿼크 모형

사카타 모형과의 차이

쿼크 모형과 사카타 모형의 차이는 쿼크 모형의 경우 기본 입자를 이미 알고 있는 하드론보다 한 단계 낮은 새로운 층에서 찾았다는 점이다. 즉 하드론은 모두가 복합 입자여서 그런 의미에서는 평등하다. 바리온 중에서 양성자, 중성자, Λ입자를 끌어내어 별격으로 다루었던 사카타 모형의 곤란성은 이것으로 해소되었지만, 그 대신 바리온이 3개의 쿼크로 구성되는 복합체라고 하는 일견 부자연스러운 구조를 가정해야 했다.

그러나 쿼크 자체의 성질은 사카타 모형에서의 양성자, 중성자, 람다 입자와 그리 다르지는 않다. 이들은 본래가 아이소스핀과 스트레인지니스를 지녀야 할 성질의 입자들이기 때문에 이 일은 당연하다면 당연한 일이다—다만 한 가지 충격적인 일이 있다면 그것은 전하가 분수(分數)라는 점이다.

쿼크에 관해서는 이미 2, 3장에서 대체의 설명을 해놓았으나 여기서는 좀 더 깊이 들어가 소개하기로 하겠다. 쿼크 모형은 겔만*과 츠바이크에 의하여 1964년에 각각 독립적으로 제창되

---

* **겔만**(Murray Gell—Mann) 미국 뉴욕 출신. 매사추세츠공과대학(MIT)에서 학위를 받았다. 2차 세계대전 후 소립자론의 형성에 참여한 중심인물이라 해도 될 것이다. 시카고대학에 강사로 취임. 해마다 승진하여 3년 후에는 파인만이 있는 캘리포니아 공과대학의 교수로 발탁되었다. 나카노-니시지마-겔만의 법칙(1953)은 이 시기의 산물이다. 그 밖에 수많은 업적 가운데서 두드러진 것을 든다면 겔만-로의 재규격화군(群) 방정식, 파인만-겔만의 V

었다. 겔만은 기본 입자의 3입자조를 쿼크(Quark)라 불렀고 츠바이크는 에이스(Ace)라고 명명했었다. 에이스는 트럼프카드의 그 에이스라고 연상하면 될 것이다.

쿼크 쪽은 제임스 조이스(James Joyce)의 소설 『Finnegans Wake』의 한 구절에서 따온 것이라고 겔만은 말하고 있다. 어쨌든 간에 이들 이름은 저자의 재치를 말해 주는 것으로서 굳이 그 뜻을 캘 필요는 없다. 쿼크라는 이름이 일반에게 통용되고 있는 것은 그 말이 갖는 신비한 뉘앙스와 명명자의 권위에 의했을 것이다.

겔만, 츠바이크의 세 종류의 쿼크는 현재 u, d, s의 기호로 나타내는 것이 관습이다. 이들은 사카타 모형의 p(양성자), n(중성자), Λ(람다 입자)에 대응되는 것이다. 즉

$$(u, d, s) \longleftrightarrow (p, n, \Lambda)$$

전하 $2/3, -1/3, -1/3 \longleftrightarrow 1, 0, 0$

u, d는 아이소스핀의 상향과 하향(up, down)이고 S는 스트레인지니스라는 뜻이다. 사카타의 3입자조와 비교하면 쿼크의 전하가 1/3씩 한결같이 쳐져 있다는 점에 주의하기 바란다. 그 결

마이너스 A 상호작용 이론, 네이만과 독립적으로 8정도설, 츠바이크와 독립적으로 제창한 쿼크 가설, 칼랜트 대수의 이론 등이 있다. 이 중에서 재규격화군(群)의 개념은 20년 후에 게이지장과 통계역학에 응용되어 겨우 그 가치가 인식되었다. 1969년 노벨상을 받았다. 그는 언어학에도 조예가 깊은데 물리학의 술어에서는 스트레인지니스, 쿼크, 컬러 등이 그의 명명에 의한 것이며 소립자론을 명실공히 아메리카나이즈 한 장본인이라 할 수 있다.

	p	n	Λ	u	d	s
I_z	1/2	-1/2	0	1/2	-1/2	0
기묘도	0	0	-1	0	0	-1
전하	1	0	0	2/3	-1/3	-1/3
스핀	1/2	1/2	1/2	1/2	1/2	1/2

〈그림 10-1〉 사카타 모형의 기본 입자와 쿼크의 비교

과 3개 쿼크의 전하의 합(또는 평균)은 0이 되는데, 쿼크 상호
간의 전하 차이는 pnΛ의 경우와 변함이 없다기보다 실은 위
의 두 성질을 요구하여 쿼크 모형이 만들어진 것이다.

사카타 모형에서 중간자는 입자와 반입자의 결합으로 되어
있다고 했는데 쿼크 모형에서도 그 점에는 변함이 없다. p, n,
Λ를 u, d, s로 바꿔치기했을 뿐이다. 쿼크의 전하가 1/3씩 처
지더라도 반쿼크 쪽 역시 -1/3씩 처지기 때문에 양쪽의 합에는
아무런 변화가 없다.

앞으로는 편의를 위해 쿼크, 반쿼크를 $q, \bar{q}$로 적고 u, d, s의
쿼크를 q_1, q_2, q_3으로 구별해서 적기로 하자. 그러면 중간자
M은

$$M = q_i \, q_j$$

라는 화학식으로 나타낼 수 있게 된다. 개개 중간자와의 대응
관계는 〈그림 7-1〉과 〈그림 9-4〉를 보면서 생각해 주기 바란
다. 9장에서의 논의에 따르면 3×3=9개의 조합은 8입자조와 1
입자조로 나눌 수 있다.

쿼크 모형에 있어서의 바리온

그렇다면 바리온 쪽은 어떨까? 사카타 모형과의 차이가 여기서 분명하게 나타난다. NNG법칙이 SU_3의 대칭성으로부터 이끌어진다는 것은 IOO 이론이 있은 뒤 겔만과 네만(Neeman)에 의해서도 각각 독립적으로 지적된 것이지만, 그들의 이론은 사카타 모형과 같은 실체론(實體論)으로부터 출발한 것이 아니라 수학적 대칭성에만 기초를 둔 것이었다. 그리고 기지의 중간자도, 바리온도 SU_3의 8입자조에 속하는 것이라고 해석되고 있다. 겔만이 자신의 이론을 '팔정도설(八正道說)'이라 부른 것은 그 때문이다('팔정도'란 불교에서 깨우침을 얻기 위한 8가지 법도에 연유한 명칭이다). SU_3의 대칭성에서는 8입자조만이 존재해야 할 이유는 없으며, 오히려 3입자조가 가장 기본적인 역할을 한다. 다른 조는 모두 이 기본적인 3입자조에서부터 합성해 낼 수가 있다. 이 3입자조가 바로 쿼크였던 것이다.

여기서 바리온의 8입자조를 어떻게 하여 합성해 내는가를 설명하겠다. 그러기 위하여는 9장의 입자 합성에 관한 이야기를 다시 한 번 반복해야 한다. 우선 세 종류의 쿼크와 세 종류의 반쿼크로부터 $3 \times 3 = 9$의 조합이 가능한데 이것은 6입자조와 3입자조로 나누어진다(그림 9-3). 이 중 3입자조는 서로 다른 2개의 q의 반대칭적 조합에 해당하고 그 양자수(I_z와 전하 Q 등)는 마침 반쿼크 $\bar{q}_1, \bar{q}_2, \bar{q}_3$과 똑같게 되어 있다. 즉 이들은 SU3의 대칭성에 관한 한 반쿼크 $\bar{q}$와 동등하다. 따라서 중간자의 8입자조를 q와 $\bar{q}$로부터 합성했듯이 q와 (qq)를 사용하더라도 8입자조가 만들어진다. 이것이 바로 바리온이다. 즉 바리온 B는

$$d(du) \qquad\qquad u(ud)$$

$$d(ds) \qquad u(ds)+d(us) \qquad u(us)$$
$$u(us)+d(ds)-2s(ud)$$

$$s(ds) \qquad\qquad s(us)$$

〈그림 10-2〉 바리온의 8입자조의 합성

$$n^0 = d(du), \ P^+ = u(ud)$$
$$\Sigma^- = d(ds), \ \Sigma^0 = u(ds) + d(us)$$
$$\Sigma^+ = u(us), \ \Lambda^0 = u(us) + d(ds)$$
$$-2s(ud), \ \Xi^- = s(ds), \ \Xi^0 = s(us)$$

$$B = q_i(q_j q_k) = q_i q_j q_k$$

와 같다.

이 조합에 관한 상세한 결과는 〈그림 10-2〉를 보기 바란다. 물론 세 종류의 q를 3개씩 조합하는 방법의 가짓수는 모두 3×3×3=27이나 되므로 8입자조 이외의 것도 만들 수가 있다. 이를테면 10입자조인 것도 존재하며 다이어그램으로 보이면 〈그림 10-3〉과 같다.

이 10입자조가 바리온의 공명 상태 형태로 존재한다는 것이 SU₃ 대칭성을 증명하는 결정적인 증거가 되었다. 그중에서 가장 꼭대기에 위치한 $\varDelta$(델타 입자)는 S=0, I=3/2, 스핀이 3/2

$I = 3/2, S = 0$ Δ Δ^0 Δ^+ Δ^{++}

$I = 1, S = -1$ Σ^* Σ^{*0} Σ^{*+}

$I = 1/2, S = -2$ Ξ^{*-} Ξ^{*+}

$I = 0, S = -3$ Ω^-

〈그림 10-3〉 바리온의 10입자조

인 하드론, 즉 9장에서 설명한 πN(π중간자-중성자)의 3-3 공명 상태에 대응한다. 그다음의 두 상태, 즉 S=1, I=1과 S=2, I=1/2은 '팔정도설'이 나왔을 무렵에 이미 그 후보자가 나와 있었지만 마지막 S=-3, I=0인 1개는 아직도 알려지지 않고 있었다. 기존의 이에 대응되는 3개 에너지-질량준위를 비교해 보면 이들은 각각 질량이 140~150MeV쯤 등간격으로 올라가 있다(즉 질량에 관한 한 삼각형을 뒤집어 놓아야 할 것이다). 어쨌든 간에 이 규칙성을 마지막 입자에 적용시켜보면 그 질량은 대체로 1,680MeV일 것임이 예언되었다.

예언 그대로의 Ω^-입자 발견

이 미지의 입자 Ω^-(오메가 마이너스)의 발생과 붕괴의 한 예가 브룩헤이븐 연구소의 거품상자 속에서 사미오스(Nicholas P. Samios)에 의해 포착된 것은 1963년이었다.

질량은 예언했던 그대로였다. 단 1개의 실험 예로 결론을 내린다는 것은 매우 위험한 일로서 연구자가 보통 취할 성질의 것은 아니었지만 Ω^-의 존재는 단순히 SU_3의 타당성을 증명한 것만이 아니었다. 그 이유는 바리온의 8입자조와 중간자의 8입자조를 반응시키면 원리적으로는 27입자조라는 것도 만들 수 있기 때문이다. πN의 3-3 공명 따위를 이 27입자조의 일부라고 생각하는 것도 가능하지만, 이 경우에 S=-3의 상태는 I=1, 즉 세 상태가 있어야 한다. 즉 SU_3만으로는 아직도 여러 가지 가능성이 있어 어느 것이 실현될 것인지는 좀 더 세밀한 실험에 의하여 결정해야 했던 것이다.

SU_3의 대칭성 이론이 가르치는 바를 요약하면 다음과 같다.

(1) 하드론은 일반적으로 1입자조, 8입자조, 10입자조 등의 그룹을 만들고 각 그룹 안에서 하드론들의 스핀은 같고 질량은 비교적 서로 가까운 값을 가지며 NNG법칙에 따른 일정한 스트레인지니스와 아이소스핀의 값들을 갖는다.

(2) 어느 한 그룹 내에서도 하드론의 질량은 서로 같지 않으므로 대칭성이 완전하지는 못하나 이 대칭성이 깨지는 방식에도 어느 정도의 질서는 있어서 겔만-오쿠보(大久保進)의 질량공식(質量公式)을 만족시키고 있다. 위에서 설명한 10입자조의 등간격 법칙이 그런 예의 하나인데 이 겔만-오쿠보 공식이라는 것은 요컨대 스트레인지니스와 아이소스핀의 값에 의하여 하드론 값이 정해진다는 내용이다.

(3) 이 이외로 어느 한 그룹에 관한 여러 가지 핵반응이나 입자의 자기능률(磁氣能率) 사이에도 일정한 근사적 관계가 성립한다.

Ω^-의 발견에 의하여 SU_3 이론이 확립되자 곧 퀴크 모형이 제창되었다. 퀴크 모형에 따르면 바리온은 3개의 q로부터 구성된다. 그러나 이 모형에 의하면 27입자조는 만들어지지 않는다 (그 대신 $3 \times 3 \times 3 = 1 + 8 + 8 + 10$으로 분해된다). 그러므로 퀴크 모형은 SU_3을 더욱 제한하여 실제 현상을 설명하기 쉽게 만들고

있다.

겔만-오쿠보의 공식에 대해서도 같은 말을 할 수 있다. 하드론의 질량 차는 구성요소인 쿼크의 질량 차로써 대충 결정되는 것이라고 생각하면 된다. s쿼크는 u, d쿼크보다 무겁기 때문이다. 따라서 기묘 입자는 s쿼크의 수에 비례하여 무거워질 것이다. 또 u와 d 사이에서도 d 쪽이 약간 무겁다고 하면 n이 p보다 약간 무겁다는 것도 이해될 수 있다.

더 큰 데에 착안하여 중간자와 바리온을 비교하면 어떨까? 중간자는 qq, 바리온은 qqq이므로 바리온 쪽이 무거운 것은 당연하다. 그러나 그렇다고 해서 질량의 비가 2:3이 되지는 않는다. 사실 중간자 중에서도 π, K, η 사이의 질량 차는 그들의 평균 질량과 같을 정도로 크다. 이렇게 정량적(定量的)인 이야기가 되면 이 이론도 그리 간단하지 않다.

쿼크 모형이 나왔던 시초에는 쿼크의 실재성(實在性)을 어디까지 진지하게 생각해야 할 것인가에 대하여 상당한 불안이 있었다. 쿼크의 제창자인 겔만 자신조차도 쿼크는 SU_3의 양자수를 나타내는 기호에 지나지 않을지도 모른다고 말한 적이 있다. 만약 쿼크가 단독으로 존재할 수 있다면 이와 같은 문제는 사라져 버리겠지만 아직껏 쿼크는 발견되지 않고 있으므로 의문은 역시 남겨져 있다. 그러나 쿼크를 보통의 입자처럼 취급하여 사고를 진행해 나가는 방법이 연달아 성공을 가져왔기 때문에 쿼크를 단순한 수학적 기호라고 보는 사람은 현재 거의 없게 되었다.

쿼크 모형은 그 후 더욱더 발전과 진화를 이루어 나갔다. 그에 대해서는 앞으로 차례차례 설명해 나가기로 한다.

11장
퀘크 모형의 진화

퀘크 복합계 모형

퀘크는 하드론의 SU_3 대칭성을 설명하기 위하여 가설로서 도입된 실체(實體)이지만 그것이 제대로 된 실체로서 인정되기까지에는 상당한 시간이 걸렸다. 이런 사정은 원자의 개념이 그 가설에서 출발하여 실재(實在)로서 인정되기까지의 긴 과정을 생각하면 당연한 일이라고 생각될지도 모른다. 사실 지금에 와서도 퀘크의 실재성에 대해 의문을 가지는 사람이 없는 것은 아니다. 그 첫 번째 이유는 퀘크가 아직껏 '우리들 눈에 보이지 않기' 때문이다. 그러나 퀘크를 렙톤과 같은 '눈에 보이는' 소립자와 동격으로 다루기 위해서는 그 밖에도 여러 가지 이론적인 검증이 필요하다. 그리고 이 검증의 결과에 대응해서 퀘크의 성격을 상세히 규정하기도 하고 또는 지금까지의 가정을 적절히 수정해야 할지도 모른다.

젤만-츠바이크의 가설에 따르면 퀘크는 SU_3의 양자수를 지니는 3입자조를 이루는 스핀이 1/2인 페르미온(페르미 입자, 5장. '상대론적 양자역학' 후반부 참조), 즉 렙톤과 같은 입자라고 생각된다. 또 하드론은 퀘크로 된 복합계(複合系)이므로 조합 방법에 따라 아이소스핀이나 스트레인지니스뿐만 아니고 여러 가지 스핀 상태가 만들어질 수 있을 것이다. 그리고 그것들은 하드론의 들뜬 공명 상태까지도 나타낼 것이다. 마치 원자핵이나 원자에 수많은 들뜬 상태가 존재하고 이들 상태의 스펙트럼이 일정한 법칙에 따른다는 사실로부터 상호작용의 성질이 추정되었듯이 하드론의 스펙트럼도 쿼크의 상호작용을 결정해주는 실마리가 된다.

그래서 원자나 원자핵의 이론을 본떠서 쿼크로 된 복합계의 모형을 만들어 보기로 하자. 하드론은 대체로 무게가 비슷한 쿼크들로 이루어져 있으므로 이 복합계를 비교하는 데는 원자보다도 원자핵 쪽이 알맞다. 예컨대 중간자 $q\bar{q}$는 중양성자(重陽性子) pn(양성자-중성자)에 해당하고 바리온 qqq는 3중양성자(三重陽性子) pnn 또는 헬륨3(^{3}He)의 핵 ppn에 해당한다. 중양성자와 3중양성자는 보통 수소(p)의 동위원소이고 헬륨3핵은 보통 헬륨4(ppnn)의 동위원소를 뜻한다. 여기서 양성자와 중성자를 u와 d쿼크로 치환하면 3중양성자와 헬륨3핵은 쿼크 모형에서의 중성자와 양성자의 구성에 그대로 해당된다. 즉

$$t = pnn \qquad ^3He = ppn$$
$$n = udd \qquad p = udd$$

그것은 그렇고, 원자핵의 구성을 이해하기 위한 최초의 출발점은 핵자 사이에 도달거리가 매우 짧은 인력이 작용한다는 가정이다. 이 인력으로 핵자들이 비교적 느슨하게 결합한다고 생각하자. 즉 결합에너지는 핵자의 정지질량(靜止質量)에 비교하여 작다(수 퍼센트의 오더)고 생각한다. 따라서 핵자의 운동에너지도 작고 또 이 인력은 양성자와 중성자의 차이나 그들의 스핀 방향에도 무관하다고 가정한다. 이 가정에 따르면 원자핵의 여러 에너지 상태의 스펙트럼이 대체로 설명이 된다. 다음으로 양성자와 중성자의 차이라든가 스핀의 의존성 따위의 보정(補正)을

고려하여 가면 스펙트럼에 관한 더 상세한 것이 설명된다.

같은 방법을 쿼크 모형에 대하여 적용해 보면 어떨까 하는 생각은 누구의 머리에도 금방 떠오를 것이다. 실제로 이와 같은 사고방식은 귀르세이(Feza Gursey)와 라디카티(Luigi A. Radicati) 및 사키타(崎田文二)에 의하여 각각 독립적으로 발표되어 SU_6의 이론이라는 이름으로 유행되었으나 물리학의 여러 가지 원리를 속속들이 알고 있는 사람에게는 납득이 가지 않는 이론이어서 이것을 감히 가정하려 드는 데는 상당한 용기가 필요하다.

왜냐하면 만약 하드론이 쿼크의 이른바 느슨한 결합체라고 한다면 쿼크 1개는 마땅히 하드론보다 가벼울 것이고 따라서 하드론을 완전히 분해하여 쿼크를 끌어내기란 그리 어려운 일이 아닐 것이기 때문이다. 예컨대 π중간자는 강한 상호작용을 하는 입자 중에서는 제일 가벼운 입자지만, 이 π중간자를 2개의 쿼크로 분해하면 π중간자보다도 더 가벼운 쿼크가 튀어나올 것이 예상된다. 그런데 쿼크가 단독으로는 발견되지 않는 것으로 보아 쿼크 자체는 π중간자 하드론에 비하여 매우 무겁고, 또 하드론의 결합에너지도 이것을 지워버릴 만큼 커야 한다. 말하자면 무거운 돌이 깊은 우물 속에 떨어진 것과 같은 것으로, 좀처럼 돌을 우물 바깥으로 끌어내지는 못할 것이다. 그러나 이렇게 좁고 깊은 퍼텐셜 우물은 유카와의 핵력과 같은 상대론적으로 올바른 이론으로는 나타낼 수가 없다.

원자핵과의 유사성

그러나 이와 같은 사실을 미해결의 문제로 무시하기로 하고 여기서는 원자핵과의 유사성을 밀고 나가기로 하자. 우선 중간 자의 경우인데 쿼크 사이의 힘이 스핀에 의하지 않는다면 에너 지는 상대적 운동 상태에 의하여 임의적으로 결정된다. 궤도각 운동량 ℓ이 제로인 상태가 가장 낮고, ℓ이 1, 2, 3…으로 불 어남에 따라 에너지도 상승한다는 것이 상식이다. $\ell = 0$인 상태 에서는 두 쿼크의 스핀 1/2이 반대 방향이냐 평행이냐에 따라 서 전체 스핀은 0이거나 1이 된다. π중간자의 패리티는 마이 너스이므로 0^-과 1^-의 상태가 낮은 에너지의 하나로 존재하게 된다. 이것은 이미 페르미-양의 이론(9장. '페르미와 양의 복합 모 형' 참조)에서 설명한 그대로이다. 또 세 종류의 쿼크 및 반쿼크 사이의 조합 $q_i \overline{q_j}$에 의해 SU_3에 따른 8입자조와 1입자조가 만 들어진다는 것도 이미 설명한 바와 같다. 그러므로 0^- 쪽은 이 것으로 설명이 된다. 1^- 쪽은 벡터중간자라고 불리는 상태로서 ω(오메가), ρ(로우), K^*, φ(피이) 등의 기호로 표시되는 공명 상 태에 해당한다. 즉 이들은 0^- 다음에 오는 중간자로서 2개의 0^-중간자로 붕괴한다는 것이 알려져 있다.

다음에는 바리온 쪽을 살펴보자. 최저 상태는 3개의 쿼크를 궤도각운동량이 0인 상태에 놓아두면 된다. 1/2의 크기를 갖는 스핀 3개의 조합으로부터 총 스핀 1/2과 3/2의 상태가 가능해 진다. 1/2 쪽은 보통의 바리온인 8입자조이고, 3/2의 것은 10 입자조가 될 것이 틀림없다. 그러나 어째서 스핀과 SU_3 사이에 상관이 있는 것일까?

여기서 양자론적인 통계역학의 원리가 위력을 발휘한다. 통 계역학의 원리(5장. '상대론적 양자역학' 후반부 참조)에 따르면 스 핀이 1/2인 입자는 페르미온이며 페르미 통계를 따라야 한다.

즉 쿼크로 된 복합 상태는 그 속에 들어 있는 두 쿼크의 바꿔치기에 대하여 반대칭이어야 한다. 이 치환 조작에서는 스핀도 SU_3의 표지(u, d, s)도 동시에 바꿔 넣어야 하므로 이들 사이에 제약이 생겨야만 할 것이다.

위에서 말한 귀르세이, 라디카티, 사키타의 SU_6 이론이라는 것은 이 프로그램을 실행에 옮긴 것이었다. 그들은 쿼크가 스핀 방향까지 구별해서 모두 6종류가 있다고 가정하고 그것들 사이의 대칭성을 다루었으므로 SU_6의 이름이 붙여진 것이다.

SU_6의 이론에 따르면 바리온 8입자조의 스핀은 1/2이고 10입자조의 스핀은 3/2이 된다는 상관관계는 설명해 낼 수 있었는데 그러기 위해서는 한 가지 매우 이상한 가정을 해야 했다. 즉 처음에 쿼크가 페르미 통계를 따른다고 가정하고서 출발했는데도 결말에 가서는 보스(Bose) 통계를 따르는 듯이 다루었던 것이다. 예컨대 Ω^-(10장. '예언 그대로의 Ω^-입자의 발견' 참조) 입자를 예로 들자. Ω^-는 스핀이 3/2이고 스트레인지니스는 −3이므로 3개의 s쿼크 스핀이 같은 방향으로 나란히 정렬하게 된 상태라고 해석된다. 그러나 이 상태는 세 쿼크의 치환에 대하여 대칭적이며 페르미 통계가 요청하는 것과는 반대가 되어버린다. 그러나 일단 이러한 모순을 젖혀두고 보스 통계를 가정해 버린다면 Ω^-뿐만 아니라 다른 바리온의 여러 가지 성질(이를테면 자기능률 등)까지도 잘 설명할 수 있었던 것이다.

SU_6의 이론은 표면적으로는 성공했으나 원리상으로는 이해할 수 없는 점이 많다. 위의 자기능률의 경우에도 쿼크의 질량이 핵자의 1/3이라 가정하고 세 쿼크의 자기능률을 보태면 되는데, 그렇게 하면 원자핵을 핵자로 분해하듯이 핵자를 간단하게

쿼크로 분해할 수가 있을 것이다. 그러나 그런 쿼크는 존재하지 않는다. 보스 통계를 좇는 보손(보스 입자, 5장. '상대론적 양자역학' 후반부 참조)처럼 행동하고 느슨하게 결합되어 있으면서도 떼놓을 수는 없는 쿼크란 것은 실재성이 매우 희박해진다. 이 문제를 어떻게든지 해결해야 한다.

결합에너지에 관한 해결은 뒤로 미루기로 하고 여기서는 통계 문제만을 거론하기로 하자. 최초에 제출된 제안은 그린버그(Greenberg)에 의한 것으로서 쿼크는 보통의 통계법칙을 따르지 않는다고 하는 단도직입적인 설이었다. 더 자세히 말하자면 같은 상태에 1개밖에는 들어갈 수 없는 페르미 통계 대신 3개까지는 허용하는 통계를 쓰자는 것이다. 즉 차수(次數)가 3인 파라페르미 통계가 적용된다는 것이다. 이와 같은 통계는 이론적으로는 이미 알려져 있었으나 실제 문제로서 채택된 것은 이것이 처음이었다.

그러나 이것은 대중요법(對症療法)과도 같은 것으로서 바리온의 문제를 풀어주는 것뿐이라면 그다지 설득력이 없어 보인다. 이와는 달리 독립적인 시험 방법이 더 필요한데 다행하게도 다음과 같은 과정을 생각할 수가 있다. 즉 q와 $\bar{q}$의 쌍을 생성하는 반응, 이를테면 e^+와 e^-의 충돌로부터 중간자를 만들어내는 따위의 실험을 하면 파라페르미 통계의 차수가 3인 것은 보통 페르미온의 종류가 3배로 되었다는 것과 같은 것으로서 결국 반응확률(反應確率) 또는 단면적이 보통 계산의 3배가 되게 되어 있다.

쿼크는 색깔과 향기로 구별한다

그렇다면 차라리 보통의 페르미온의 쿼크 수를 3배로 늘려도 되지 않을까? 3배라고 하는 뜻은 u, d, s의 쿼크가 각각 제각기 세 가지 종류가 있다는 것이며 어느 것도 다 똑같은 SU_3의 양자수를 가지기 때문에 그 양자수만으로는 구별이 안 된다는 것이다. 즉, SU_3의 3입자조가 셋이 있다는 것과 같다. 이것을 배열시켜 보면

$$u_1 \quad d_1 \quad s_1$$
$$u_2 \quad d_2 \quad s_2$$
$$u_3 \quad d_3 \quad s_3$$

와 같다.

이와 같은 사고방식은 한(韓茂榮)과 난부(南部陽一郞), 미야모토(宮本), 타프페리제 등 몇몇 사람에 의하여 각각 독립적으로 발표되었다. 이 이론에 의하면 쿼크에는 결국 9개가 있고 그것들을 완전히 구별하는 데는 세로 좌표와 가로 좌표를 동시에 사용하면 된다. 세로 좌표로는 종전부터 있는 SU_3의 양자수가 있지만 후자는 완전히 별개의 새로운 양자수라고 보아야 한다. 이 새로운 양자수가 나중에 '색깔(Color)'이라 불리게 된 양자수이다. 색깔이라 불리는 이 양자수에 대하여 지금까지의 양자수는 '향기(Flavor)'라고 불린다.

색깔로서는 삼원색(三原色)의 적, 녹, 청 또는 적, 황, 청 따위의 명칭이 있다. 한편 향기는 u, d, s로 표시되는데 기호와 말 사이의 대응이 걸맞지 않아 보인다. 더구나 현재 이 향기의 종류는 3가지가 아니고, c, b가 추가되어 있다는 것은 이미 앞에서 말한 바와 같다. 이에 대해서는 나중에 다시 자세히 설명할

향기(종)			
업	u_1	u_2	u_3
다운	d_1	d_2	d_3
스트레인지	s_1	s_2	s_3
참	c_1	c_2	c_3
보텀	b_1	b_2	b_3
	적	청	녹	색(유)

〈그림 11-1〉 쿼크의 색깔과 향기에 의한 분류

예정이다. 필자의 생각으로서는 Color와 Flavor라는 말의 번역어로 동식물학에서의 명명법을 본떠서 색깔을 '유(類)'로 향기를 '종(微)'이라고 부를 것을 제안한 일이 있는데 독자들은 어떻게 생각하는가?

9개의 쿼크에 의한 모형

하드론의 문제로 되돌아가자. 9개의 쿼크로부터 어떤 하드론이 만들어지는가를 생각해 보자. 쿼크의 종류가 불어났기 때문에 중간자나 바리온의 수도 불어날 것이지만, 이미 지금까지 세 종류의 향기만으로도 충분했으므로 이렇게 수가 많아지면 오히려 좀 곤란해지지는 않겠는지? 다만 바리온의 경우에는 페르미 통계의 제약만을 지켜야 하겠지만.

대답부터 먼저 한다면 종전의 하드론은 모두 '무색(無色)'이거나 또는 '백색'인 상태에 해당한다고 생각해야 할 것이다. 삼원색이 같은 비율로 혼합된 것이 백색인 것처럼 하드론에서도 세 가지 색깔을 평등하게 사용한다. 바리온의 경우는 적, 녹, 청의 쿼크 1개씩을 사용하여 q_R, q_G, q_B라는 식으로 표시하기로 하고, 이 세 쿼크를 R(적), G(녹), B(청)의 순서로 적절한 중가(重價)를 붙여 평균을 취하면 된다. 중간자에 대해서는 늘 같은 색깔인 q와 $\bar{q}$를 $q_R \bar{q}_R$과 같이 결합시켜 이들을 평균하면 된다.

이와 같이 하드론을 늘 백색이라고 가정한다면 통계의 곤란성은 구제되지만 그것만이 목적이라면 참으로 인위적(人爲的)이라고 하지 않을 수 없다. 색깔이 있는 상태, 즉 삼색이 임의의 비율로 혼합된 상태를 금지할 이유가 없지 않는 한 하드론의 종류는 훨씬 더 불어나고 말 것이다.

그래서 만약 그 이유가 있다면 그것은 역학적인 것이라고 생각하는 것이 자연스러울 것이다. 즉 색깔이 있는 상태도 존재하지만 그것은 백색인 상태보다 훨씬 무겁고 따라서 현재의 실험으로는 아직 만들어 낼 수 없다고 생각하는 것이다. 원자의 경우와 비교하면 이것은 훨씬 더 알기 쉬워진다. 백색이란 플러스(+)의 전하와 마이너스(-)의 전하가 상쇄된 중성 상태, 즉 이온화하지 않은 원자에 해당하고, 색깔이 있는 상태는 전하를 갖는 이온이라고 생각하면 된다. 분명히 이온 상태 쪽이 에너지가 더 높아 이 이온 상태는 언제나 중성 원자로 환원하려는 경향이 있다. 왜냐하면 전하 사이에는 쿨롱 힘이 작용하기 때문이다.

이 유사성을 색깔에다 적용하면 어떨까? 쿼크의 색깔에 비례하는 쿨롱의 힘과 비슷한 힘이 존재하며, 이 힘은 백색인 경우 0이 되는 이론을 만들 수 없을까? 다행하게도 이와 같은 목적에 안성맞춤인 이론이 양-밀스의 이론으로 이미 알려져 있었다. 이것은 패리티 비보존 이야기에서 나온 양이 밀스와 함께

142

1954년에 발명한 것으로서 현재는 비아벨형(非可換型) 게이지장 (비아벨장) 이론이라 불리는 것인데 그 상세한 내용에 대하여는 장(章)을 달리하여 설명하겠다.

색깔이 있는 하드론은 없는가?

그것은 여하튼 간에, 설사 중성 원자와 백색 하드론 사이에 유사성이 잘 이루어져 있다고 치더라도 이것으로 문제가 해결 된 것은 아니다. 원자를 이온화할 수 있는 것처럼 백색인 하드 론을 이온화하여 색깔이 있는 상태로 바꿀 수도 있을 것이다. 다만 그러기 위해서는 훨씬 더 큰 에너지가 소요된다고 가정하 는 것뿐이다.

그렇다면 얼마만 한 에너지가 필요할까? 바꿔 말하면 색깔이 있는 상태의 질량은 얼마만 할까? 색깔을 띠고 있는 상태 가운 데에는 단독적으로 존재하는 쿼크도 포함되기 때문에 이 문제 는 이미 논의한 적이 있는 유리(遊離)쿼크의 문제와도 상관된다.

그래서 색깔이 있는 하드론이 존재하는지 어떤지 그리고 도 대체가 삼색의 쿼크가 존재하는지 어떤지를 보여주는 여러 가 지 방법에 대해 생각해 보기로 하자. 만약 하드론을 이온화할 수 있다면 하드론끼리 또는 하드론과 렙톤 사이의 충돌에너지 가 어느 '문턱(Threshold, 최저 한계)' 에너지를 넘어서게 되면 이온화 반응이 일어나므로 반응단면적이 불어나게 되고 새로운 공명 상태도 발견될지 모른다. 즉 현재의 하드론 반응보다 훨 씬 큰 에너지의 범위에서 단면적이 증대할 것이 예상된다.

앞에서 쿼크 자체도 색깔이 있는 상태의 하나라고 말했는데 여기서 한 가지 중요한 구별을 해둬야 한다. 쿼크에는 색깔과 향기가 있고 향기 쪽은 u, d, s의 구별과 같이 전하의 구별까지도 포함하고 있다. 따라서 색깔이 있는 상태 중에는 단독 쿼크 때와 같은 분수하전인 상태와, 중간자나 바리온처럼 그 속에서 색깔의 혼합비율은 바뀌지만 전하는 여전히 정수로 남아 있는 것의 두 가지 경우가 있다. 그러므로 앞의 것은 직접 전하를 측정하면 곧 식별할 수 있다. 이를테면 입자가 거품상자 속을 달려가는 경우 그 궤적의 농도가 전하의 제곱에 비례한다는 것은 위에서 이미 설명하였다.

이것에 반하여 전하가 정수인 경우에는 색깔이 있건 없건 간에 전자기적 성질은 변하지 않기 때문에 색깔이 있는지 없는지는 쉽게 식별이 되지 않을 것이다.

쿼크, 정수하전의 가능성을 추적

어쩌면 쿼크 자체도 실은 정수하전(整數荷電)을 갖고 있기 때문에 좀처럼 발견되지 않는 것은 아닐까? 이럴 가능성은 색깔을 도입한 까닭에 자연히 생기게 된다. 즉 전하는 향기뿐만 아니라 색깔에도 관계된다고 생각하면 되는 것이다. 개개의 쿼크는 정수의 하전을 갖지만 세 색깔에 대하여 평균한 것이 분수로 나타난다면 백색인 하드론 속의 쿼크는 마치 색깔이 없는 겔만-츠바이크의 분수하전의 쿼크처럼 행동할 것이다.

한-난부 모형이라는 것이 바로 그것이다. 구체적으로 전하의 할당을 제시하면 〈그림 11-2〉와 같다.

이 가정에 따르면 쿼크는 보통의 바리온과 같은 것으로서 옛날의 사카타 모형에 근사해진다. 다만 쿼크는 아마도 질량이 보통 바리온보다는 훨씬 무겁고 따라서 바리온과 중간자 등으

색깔＼향기	u	d	s
적	1	0	0
녹	1	0	0
청	0	-1	-1
평균	2/3	-1/3	-1/3

〈그림 11-2〉 한-난부 모형에 의한 쿼크의 전하

로 붕괴하는 불안정한 입자일지 모른다. 그러나 현재까지는 정수하전이건 분수하전이건 또는 안정하건 불안정하건 간에 이러한 입자가 존재한다는 증거는 없다.

　그러나 아직도 포기할 필요는 없다. 실은 매우 유력한 시험방법이 남아 있다. 그것은 예의 전자와 양전자의 빔을 충돌시켜 하드론을 만드는 반응이다. 이 반응은

$$e^+ + e^- \rightarrow \text{“}\gamma\text{”} \rightarrow \text{“}q + \bar{q}\text{”} \rightarrow \quad \text{하드론(“ ”은 가상적 입자를 뜻함)}$$

의 과정을 좇는 것으로서 γ를 매개로 하여 전자쌍(電子雙)이 먼저 쿼크쌍으로 바뀌고 이 쿼크쌍이 다시 강한 상호작용에 의하여 몇 개의 하드론으로 창생되어서 나오는 반응이라 생각하면 된다. 특정한 쿼크쌍을 만드는 반응확률(단면적)은 충분히 높은 에너지에서 그 전하의 제곱에 비례하므로 위의 반응에서 발생되는 하드론의 종류를 가리지 않는 전체 확률은 모든 쿼크의 전하의 제곱을 합산한 것에 비례할 것이다. 예컨대 겔만-츠바이크형의 세 쿼크 u, d, s를 생각하면 전하의 제곱의 합은

$$R = (\frac{2}{3})^2 + (-\frac{1}{3})^2 + (-\frac{1}{3})^2 = \frac{2}{3}$$

가 된다. 그러나 만약 색깔이 삼색이라면 모두 9종류의 쿼크에 대하여 합산해야 한다. 그 결과 위의 R은 R=2가 된다. 이것에 반하여 한-난부형 쿼크인 경우에는 〈그림 11-2〉로부터 곧장 R=4가 된다는 것을 알 수 있다(다만 백색이 아닌 하드론을 만드는 과정까지도 포함한 것으로 되어 있고, 백색 하드론에만 국한한다면 R은 전과 마찬가지로 2가 된다는 것을 보일 수 있다).

1960년대의 실험에 의하면 에너지가 2, 3GeV까지의 범위에서 R의 값은 2에 가까웠으며 2/3도 4도 아니었다. 그 결과 이 사실은 분명히 색깔을 가진 분수하전의 쿼크를 지지하는 것이라고 생각되었다. 그러나 에너지를 더 올려 주면 어떻게 될까?

스탠퍼드의 8GeV의 전자-양전자 충돌빔 장치인 SPEAR가 만들어진 목적 가운데에는 위 문제의 해결도 포함되어 있었다. R을 측정하는 일은 비교적 쉽다. 나오는 하드론을 무엇이건 붙잡으면 되며 종류나 성질 따위를 따질 필요가 없다. 그러므로 SPEAR가 완성되자 이 실험이 맨 처음에 실시되었는데 그 결과는 좀 기묘한 것이어서 에너지가 4GeV 이상이 되면 R이 4 정도로 불어난다는 것이 밝혀졌다. 즉 겔만-츠바이크의 삼색 쿼크 모형으로는 설명할 수 없다는 것이었다. 그러나 한-난부형의 쿼크라면 백색 하드론만일 때 R=2, 색깔이 있는 하드론까지 포함하면 R=4가 되므로 색깔이 있는 하드론은 4GeV 이상에서 발생한다고도 생각된다.

뜻밖의 사건 J/φ

스탠퍼드에서는 위의 문제를 해결하려고 더욱 정밀한 실험을 되풀이하고 있었다. 그런데 1974년에 이르러 갑자기 뜻밖의 사건이 일어났다. 새 입자 J/φ(제이/프사이)의 발견이 그것이다. J/φ입자의 정체가 분명해지기까지는 상당한 세월이 걸렸지만 이 입자는 결국 색깔을 가진 하드론이 아니고 참(Charm)이라 불리는 새로운 향기를 갖는 쿼크로 구성된 무색 하드론이라는 것으로 낙착되었다. 다음 장에서 이 J/φ입자 및 그 후에 나타난 새 입자족에 대하여 설명하기로 하자.

12장
참과 그것에 계속되는 것

자연의 심오함을 가리키는 J/φ*입자

퀴크 모형은 1950년대부터 60년대 초까지 연달아 발견된 하드론족에 질서를 부여하기 위하여 도입된 이론이었다. u, d, s의 세 종류의 퀴크로부터 모든 하드론이 만들어지고 따라서 우주 속의 모든 물질은 3개의 퀴크와 4개의 렙톤(전자 e, 전자중성미자 ν_e, 뮤온 μ, 뮤중성미자 ν_μ)에 의해서 전부 설명될 것처럼 생각되었다.

만약 이것이 사실이라면 전자와 양성자만이 알려져 있었던

* **새뮤얼 차오 충 팅**(Samuel C. C. Ting, 丁肇中)과 **버턴 릭터**(Burton Richter)

두 사람 다 미국의 실험물리학자이다. 새 입자 J/φ를 독립적으로 발견함으로써 1977년 공동으로 노벨상을 받았다.

팅은 미국의 매사추세츠 공과대학의 교수로 J입자 실험은 브룩헤이븐 국립연구소에서 이루어졌다. 그후 유럽의 데지와 세른에서의 실험에도 관계했다. J입자는 그의 이름에 해당하는 한자 丁에 연유한 것 같다.

릭터는 SLAC(스탠퍼드 선형가속기 시설) 수뇌부의 한사람으로 전자 충돌빔 장치 스페어의 기획, 건설에 특히 공헌했다. φ입자의 발견에 연달아 φ′, χ, D 등 참, 퀴크를 포함한 중간자가 연달아 등장하고 또 새로운 렙톤 타우(τ)도 같은 연구소의 파알에 의해 발견되었다. SLAC은 수년간이나 새 입자를 독점한 느낌이 있다.

20세기 초 무렵과 비교하여 세상이 다소 복잡해지기는 했지만 이것으로 소립자물리는 일단락 지어졌다고 말할 수 있었을 것이다. 그리고 만약 앞으로 문제가 있다면 그것은 약한 상호작용을 매개하는 힘의 장이라든가 쿼크의 색깔에 작용하는 강한 힘의 장 따위를 추구해 가는 일일 것이다.

이들 힘의 장을 다루는 이른바 게이지장 이론은 확실히 1970년대에 이르러 급격히 발전한 이론이었다. 그런데 그러는 한편 쿼크와 렙톤의 종류도 실은 아직도 다 나타나지 않았다는 것이 실험적으로 판명되기 시작했다. 11장에서도 잠깐 소개한 바 있는 J/ψ입자의 발견이 그 선두의 테이프를 끊었던 것이다.

J/ψ입자는 MIT(매사추세츠 공과대학)의 팅(Ting) 그룹과 SLAC(스탠퍼드대학 선형가속기)의 릭터(Richter) 그룹이 각각 독립적으로, 더군다나 거의 동시에 발견한 것으로서 그 결과 그들은 1976년도 노벨상을 받았다. J는 팅이 명명한 이름이고, ψ는 SLAC 그룹이 명명한 이름이다. 이들의 실험 방법은 전혀 서로 다른 데도 불구하고 만들어진 입자가 서로 동일한 것임에는 틀림이 없었다.

팅의 실험은 BNL(브룩헤이븐 국립연구소)의 AGS가속기(30GeV)를 사용하여 양성자를 베릴륨의 표적에 충돌시켜 P+P(양성자-양성자)의 반응을 일으키게 하고 이때 만들어지는 하드론이 $\mu^+ + \mu^-$(전하가 플러스와 마이너스인 뮤온)의 쌍으로 붕괴하는 것을 관측하는 것이었다. 왜 이런 실험을 했는가 하면 요컨대 새로운 벡터중간자를 탐색하자는 데 그 목적이 있었다.

벡터중간자란 스핀이 1인 중간자, 쿼크 모형에 따른다면 q와 $\bar{q}$의 스핀이 서로 평행이 된 상태이다. 특히 $u\bar{u}, d\bar{d}, s\bar{s}$의 세

종류는 전하가 0이고 스트레인지니스도 0이며 $e\bar{e}$(전자-양전자)
나 $\mu\bar{\mu}$(뮤온-반뮤온)의 조합과 비슷한 것이었으므로 다른 하드론
으로 붕괴하는 것 외에

$$q + \bar{q} \rightarrow \text{``}\gamma\text{''} \rightarrow e + e , \mu + \mu$$

등의 과정처럼 렙톤쌍으로도 붕괴할 수 있다. 실제로 발견된 ρ^0,
ω^0, φ^0(11장. '원자핵과의 유사성' 참조)의 벡터중간자는 위에서 말
한 3개의 쿼크-반쿼크의 조 qq인 상태의 적당한 결합에 해당하
는 것으로 생각되고 있다.

그러나 이것들 말고도 벡터중간자는 없을까? μ^+와 μ^-로 붕괴
할 수 있다는 것은 실험적인 검출에는 편리하다. 뮤온(μ)은 하
드론과 달라서 강한 상호작용을 갖지 않으므로 두터운 벽을 관
통할 수 있고 또 전자처럼 금방 샤워(Shower)를 만드는 일도
없으므로 다른 입자로부터 구별해 내는 작업이 쉽다. 이것이
팅의 목적이었고 또 착안점이기도 했다. 다만 실험 장치는 대
규모의 것이므로 그 준비에는 몇 해가 걸렸다.

빔 안에 들어 있는 양성자와 표적 안에 들어 있는 양성자(또
는 중성자)의 충돌에 의하여

$$p + p(n) \rightarrow v^0 + x + y + \cdots$$

와 같이 벡터중간자 v^0가 만들어지고 그것이 곧 μ^+와 μ^-로 붕
괴했다고 하자. 이때 후자의 에너지 등을 측정하면 그 어미의
질량이 곧 결정된다.

물론 쿼크와 반쿼크쌍이 공명 상태에 있지 않더라도 뮤온쌍
으로 붕괴할 수 있으므로 뮤온의 에너지가 반드시 일정할 필요

는 없겠지만 만약 공명 상태가 존재한다면 거기에 가파른 마루
가 생기게 될 것이다.

새로운 벡터중간자 v가 존재한다는 보증이 있는 것도 아니고
만약 존재하더라도 만들어질 확률이 작다면 배경 속에 묻혀서
마루를 관측하기가 어렵게 된다. 그런 뜻에서 팅의 실험은 하
나의 모험이었다.

한편 릭터의 실험은 앞 페이지에서 설명한 렙톤쌍으로 붕괴
하는 식의 역반응을 이용하여 양전자(e^+)와 전자(e^-)의 충돌로부
터 만들어지는 하드론을 관측한다는 점에서 독특했다. 전자는
강한 상호작용을 갖지 않으므로 전자기적인 상호작용을 통해서
만 하드론을 만들 수 있다. 따라서 이들의 상호작용을 조사하
는 데는 안성맞춤이며, 충돌빔 장치 SPEAR의 건설을 강력하게
추진시켜 나간 릭터의 공적을 높이 인정해야 한다. 설사 공명
상태가 존재하지 않았다 하더라도 쿼크 수에 관한 정보가 얻어
진다는 것은 이미 11장에서 설명한 바와 같다. 나중에 또 소개
하게 될 와인버그(Weinberg)-살람(Salam) 이론에 따르면 약한
상호작용을 매개하는 Z^0라는 특수한 벡터 입자(하드론은 아니지
만)가 존재하고 이것도 광자나 벡터중간자와 마찬가지로 양전자
-전자 과정에 기여할 것이다. 양전자-전자 충돌빔 장치의 에너
지를 더욱더 크게 늘리게 될 가속 장치가 연달아 세계적으로
계획되고 있는 까닭도 여기에 있었던 셈이다.

J/φ입자의 정체

이야기를 J/φ의 문제로 되돌리자. J/φ입자의 발견 뉴스가 곧
장 신문에 보도되어 학자뿐만 아니라 일반 사람에게까지 충격

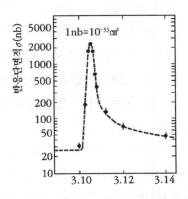

〈그림 12-1〉 J/ψ의 극적인 등장

을 불러일으켰던 것은 단순히 중간자가 하나 더 발견되었다는 것에 그치지 않고 그것의 출현 방식, 특히 SLAC의 데이터가 너무나도 극적이었기 때문이었을 것이다.

실험은 양전자와 전자의 빔이 도넛형의 관 속을 서로 반대 방향으로 돌아가다가 어느 정해진 곳에서 부딪치도록 꾸며져 있다. 교차점 주위에는 측정 장치가 가득히 둘러싸고 있어서 방출되는 입자의 궤적을 금방 기록할 수 있게 되어 있다. 또 입자의 성질이나 에너지도 곧 알아낼 수 있다. 〈그림 12-1〉을 보기 바란다. 반응은 띄엄띄엄한 상태로 이어지다가 에너지가 3.105GeV에 도달하면 갑자기 억수같이 증대하는 상태로 변화한다. 반응단면적이 수백만 eV의 좁은 폭 사이에서 100배로나 뛰어오른다. 라디오 수신에다 비유하면 다이얼을 아무렇게나 빙글빙글 돌려도 잡음밖에 들려오지 않았던 것이 어느 특정 파장에 정확하게 맞추었더니 스피커가 찢어져 나갈 듯이 쾅쾅 하고 신호가 나타나는 경우와 사정이 똑같았다.

공명을 설명하는 주된 특징은 그 높이와 폭이다. 마루높이가 높고 폭이 좁으면 그 공명은 드라마틱하지만, 반대로 높이가 낮고 완만한 것은 공명인지 아닌지조차 분명하지 않다. 만약 공명이라면 마루의 면적은 대체로 반응의 성질과 에너지에 의해 결정되므로 그 높이와 폭은 서로 반비례하게 된다. 따라서 좁으면 그만큼 높아지는 것이다.

기지의 중간자, 즉 ρ^0입자, ω^0입자, φ^0입자와 같은 것도 확실히 큰 마루를 보여 주긴 하지만 그 폭은 100MeV 정도나 된다. 그러므로 J/ψ입자의 바늘 끝과 같이 날카로운 마루의 존재는 단순히 또 하나의 중간자가 발견되었다는 것 이상의 충격적인 것이었다.

일반적으로 공명의 폭은 불확정성 원리에 의하여 그 수명에 반비례한다. 즉 폭이 좁으면 좁을수록 수명이 길어지고 안정에 가까워진다. 다른 벡터중간자에 비하여 이렇게 안정한 J/ψ입자란 도대체 어떤 종류의 입자일까?

J/ψ입자의 정체가 분명해지기까지는 2년쯤 걸렸는데 그것에는 다른 실험 데이터와 여러 가지 이론적 고찰이 필요했다. 실험 데이터 쪽을 말하면 먼저 J/ψ입자 바로 위에 이것과 비슷한 마루(ψ'라 불림)가 있다는 것이 ψ를 발견한 1주일 후에 발견되었다. 또 에너지를 올려주면 4GeV 전후에서 폭이 더 넓고 보통의 벡터중간자와 비슷하게 생긴 마루가 몇 개 더 나타났다. 또 공명 이외인 곳에서도 $e^+ + e^- \rightarrow$하드론의 전체 단면적이 일반적으로 높아진다(상이 크다)는 것은 '11장. 쿼크, 정수하전의 가능성을 추적' 후반부에서 설명한 것과 같았다(실제의 데이터는 〈그림 12-2〉에 표시해 놓았다).

이들 마루는 모두 스핀, 패리티 기타의 양자수 등이 모두 광자와 동일한 공명 상태이지만 그 밖에 χ(카이)라 불리는 다른 중간자 그룹도 곧이어 발견되었다. 카이 입자는 ψ'가 광자 1개를 방출함으로써 만들어진다. 즉,

$$\psi' \to \chi + \gamma$$

이고 그 질량은 ψ와 ψ' 사이에 있다. 또 극히 최근에 발견된 η_c(에타 씨)입자는 질량이 ψ보다 살짝만 낮고 스핀, 패리티는 0^-로서 π^0나 η^0에 대응된다고 생각하고 있는데 역시 γ 과정에 의하여 ψ'로부터 생긴다.

이들 중간자의 질량 스펙트럼을 그래프로 그려보면 3~4GeV 근처에 집중하고 있어 마치 수소 원자나 어떤 원자의 스펙트럼과도 같아 보인다. 현재 통용되고 있는 관점으로 이들은 네 번째의 쿼크 c(Charm)와 그 반입자 $\bar{c}$의 복합 상태의 여러 가지 에너지 준위(準位)에 해당하는 것이라 해석되며 잘 알려져 있는 포지트로늄(Positronium, 전자와 양전자가 수소 원자처럼 결합한 것)으로 간주된다. 다만 구속력은 전자기적인 쿨롱의 힘이 아니고 색깔(양자수)에 바탕하는 힘이라고 생각되고 있다.

쿼크 모형을 완비하게 한 네 번째 쿼크 c

c쿼크의 존재에다 바탕을 두는 위의 해석은 ψ입자나 χ입자의 데이터만으로는 단정하기가 어려우나 이 해석을 결정적인 것으로 해준 것은 1976년 발견된 D, F중간자이다. 이들 중간자는 질량이 대체로 ψ족의 절반 정도이고 c쿼크와 보통 쿼크 u, d, s의 복합 상태인 것으로 생각되고 있다. 즉

$$D^+ = cd, \quad D^0 = cu$$

$$\overline{D}^0 = u\bar{c}, \quad \overline{D}^- = d\bar{c}$$

$$F^+ = c\bar{s}, \quad \overline{F}^- = s\bar{c}$$

여기서 c쿼크의 전하를 지정해주어야 한다. 위의 식으로부터 알 수 있듯이 c쿼크는 u쿼크와 마찬가지로 2/3의 전하를 가진다. D나 F의 스핀과 패리티는 η_c입자와 같이 0⁻이다. 즉 D와 F는 π중간자, K중간자, η중간자 등과 형제뻘이 되는 셈이다. 또 D나 F보다 약간 무겁고 ρ입자, ω입자, φ입자, K*입자, ψ 입자 등의 형제뻘에 해당하는 1⁻인 벡터중간자, D*, F*도 이미 발견되어 있다.

D중간자와 K중간자는 서로 잘 닮아 있다. K중간자 안에 들어 있는 s쿼크를 c쿼크로 바꾸어주기만 하면 D중간자가 된다. s쿼크가 K중간자의 스트레인지니스를 지니고 있는 것과 같은 요령으로 c쿼크는 D중간자의 새로운 양자수 '참'을 지니고 있다. 그러므로 F중간자는 스트레인지니스와 참을 동시에 지니고 있는 것이 된다.

스트레인지니스나 참이 양자수로서 유용한 것은 그것들이 거의 보존된다는 것, 즉 쿼크의 향기는 약한 상호작용에 의하는 것 외에는 변화하지 않기 때문이다. 따라서 D중간자나 F중간자는 비교적 안정하며 그 붕괴는 c쿼크가 s쿼크로 바뀌는 과정

$$c \rightarrow s + \nu + \bar{e}, \quad s + u + d$$

를 통해서 일어나는 것이라고 생각된다.

그런데 c쿼크의 질량 문제인데 성분쿼크의 질량을 합산하면

대체로 하드론의 질량이 된다는 것은 위에서 설명해둔 바 있다. 이 계산대로라면

D ~ 1.8GeV, u, d ~ 0.3GeV

로부터

c ~ 1.8 - 0.3 = 1.5GeV

라는 어림이 얻어지고 따라서

$$\psi = c\bar{c} \sim 3\,GeV$$

와 같이 완전한 일치가 얻어진다.

이와 같이 모든 일들이 적어도 정성적(定性的)으로는 잘 설명될 수 있기 때문에 참쿼크(c) 가설이 일반적으로 잘 받아들여지는 것은 무리가 아니다. 그런데 참 개념의 기원은 실은 ψ입자의 발견보다 훨씬 오래된 것으로서 주로 약한 상호작용을 이해하기 위하여 논리적으로 고안된 것이었다. 자세한 설명은 뒤로 미루기로 하고 여기서는 그 골자만을 한마디로 요약해서 설명한다면 다음과 같다. 즉 '보통'의 β붕괴는

$$u \to d + \nu_e + e$$

$$\mu \to \nu_\mu + \bar{\nu}_e + e$$

와 같이 쿼크 또는 렙톤의 짝 (u, d), (μ, ν_μ), (e, ν_e) 등등 사이에서의 전환이라 해석되고 있다. 그러기 위해서는 쿼크도 렙톤도 짝수 개만큼의 종(種, 향기)이 있어 2개씩 짝(組)을 만들어야 한다. 그러나 그렇게 하면 s쿼크 1개만이 외톨이로 붕 떠버

156

리기 때문에 s쿼크의 상대가 될 또 하나의 쿼크 c를 가정해야 한다. 그러면 (u, d)조에 대하여 (c, s)조가 생겨서 전하는 어느 쪽도 (2/3, -1/3)이 되어야 한다.

대담하지만 매우 간단하면서도 설득력 있는 가정이었다. 그러나 실제로는 s쿼크가 d쿼크로도 전환하여 v입자의 붕괴를 일으키는 식으로 약한 상호작용은 복잡하기만 하여 이 현상들을 완전히 이해하기 위해서는, 이론의 발전이 오랜 과정을 거쳐야 했다. 실험적으로도 c쿼크가 발견되기까지 10년이나 걸렸던 것이다.

자연은 또다시 인간의 지혜를 앞질렀다

c쿼크의 발견에 의하여 쿼크 모형은 이론적으로 완비되었으므로 사태는 이것으로 끝이 날 듯했다. 만약 그렇다고 한다면 기본 입자는 네 종류의 렙톤 $(\nu,\ e)(\nu_\mu,\ \mu)$와 4종류×3종류의 쿼크 $(u_i,\ d_i)(c_i,\ s_i)$(i=적, 녹, 청)로 끝나게 된다.

그러나 자연은 또다시 우리의 단순한 기대를 저버리고 아직도 새로운 종류의 입자들이 존재한다는 것을 가르쳐 주었다.

그 첫 번째 사건은 새로운 렙톤 τ(타우)의 발견이었는데 SLAC의 파알 그룹에 의하여 이루어졌다. 실험은 역시 SPEAR를 사용한 전자-양전자의 반응이었는데 그 생성물 속에 뮤온 μ와 비슷한 렙톤이면서도 뮤온보다는 질량이 무거워 1.8GeV나 되는 입자를 발견했던 것이다. 붕괴는

$$\tau \to \begin{cases} \nu_\tau + \mu + \overline{\nu_\mu} \\ \nu_\tau + e + \overline{\nu_e} \end{cases}$$

로 뮤온의 경우와 긴밀하게 대응되고 있다. 새로운 중성미자 ν_τ의 본성은 어떤 것인지 아직도 분명하지 않으나 (τ, ν_τ)조가 존재한다는 것만은 의심할 여지가 없다.

렙톤이 6종류가 되었으니까 쿼크 쪽도 6종류가 있어도 될 것 같다. 이 예상을 입증이나 하듯이 레더먼 그룹은 1977년에 J/φ입자보다 더 무거운 중간자를 발견하여 이것에다 Υ(입실론)이란 이름을 붙였다. 실험은 팅의 경우와 마찬가지로 양성자-양성자 반응을 썼으며 FERMILAB(페르미 국립 가속기 연구소)의 400GeV의 양성자가속기가 사용되었다. 그 후 전자-양전자 반응에 있어서도 함부르크와 코넬대학의 장치에 의해 Υ입자뿐만 아니고 그 위의 들뜬 상태 Υ', Υ'' 등의 존재도 확인이 되었던 것이다.

이 입실론족은 질량이 10GeV 안팎의 크기를 갖고 있으므로 그것의 성분이라고 생각되는 다섯 번째의 쿼크의 질량은 5GeV 정도일 것이라 생각된다. 그리고 지금까지의 (u, d), (c, s)의 예로부터 유추한다면 다음번으로 그 존재가 예상되는 쿼크의 조인 (t, b)조의 b에 해당할 것이다. 즉 전하가 -1/3이고 질량이 가벼운 쪽 성분이다. 이 t, b는 보통 톱(Top)과 보텀(Bottom)이라는 이름으로 불리고 있는데 이것을 Truth와 Beauty라는 우아한 이름으로 해석할 수도 있다.

톱 쪽은 아직 발견되지 않았다. $s\bar{s}$를 포함하는 φ^0의 질량이 1GeV이고 $c\bar{c}$로 된 J/φ가 3GeV, $b\bar{b}$로 된 Υ이 9GeV라는 경험적 사실로부터 $t\bar{t}$로 된 중간자는 27GeV 근처에 있다고 내기를 건 사람도 있었으나 함부르크의 DESY에 건설된 새로운 전자-양전자가속기 PETRA가 30GeV 이상까지 탐색해 보았지만 그와 비슷한 것이 나타나지 않아, 미국을 앞지르려고 의욕적이던 독일 연구자들을 실망케 했다고 한다.

전자-양전자→하드론의 단면적이 쿼크의 종류 수를 나타내는 척도라는 것은 이미 11장에서 말했다. 다시 한 번 설명을 되풀이한다면 어떤 에너지를 써서 만들 수 있는 쿼크의 종류에 대하여 그 전하량 제곱의 합을 취하면 $e^+ + e^- \to$하드론의 전체 단면적이 가늠된다는 것이다. 이것이 예의 R(11장. '쿼크, 정수하전의 가능성을 추정' 후반부 참조)이라는 양이다. R을 3GeV 이하(u, d, s만), 3~9GeV 사이(u, d, s, c), 및 9GeV 이상(u, d, s, c, b)의 구간에 대하여 계산하면 각각

$$\left\{ (\frac{2}{3})^2 + (\frac{1}{3})^2 + (\frac{1}{3})^2 \right\} \times 3 = 2$$

$$\left\{ (\frac{2}{3})^2 + (\frac{1}{3})^2 + (\frac{2}{3})^2 + (\frac{1}{3})^2 \right\} \times 3 = 3\frac{1}{3}$$

$$\left\{ (\frac{2}{3})^2 + (\frac{1}{3})^2 + (\frac{2}{3})^2 + (\frac{1}{3})^2 + (\frac{1}{3})^2 \right\} \times 3 = 3\frac{2}{3}$$

가 된다. 이것에 대한 실험곡선은 〈그림 12-2〉에 표시한 것과 같다. 3GeV와 9GeV 근처에서 ψ입자나 Υ입자의 가파른 공명을 볼 수 있는 것 이외로는 위의 이론값과 대체로 부합되고 있다는 것을 알 수 있다.

렙톤은 6종류, 쿼크는 적어도 5종류

12장에서 학습한 것을 요약해 보겠다. 쿼크나 렙톤의 종류가 1960년대에 쿼크 모형이 나왔을 때보다 더욱 불어나 현재는 렙톤이 6종류, 쿼크는 적어도 5종류가 있는 것으로 알려져 있

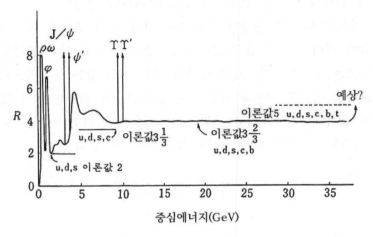

〈그림 12-2〉 R의 변화, 3GeV와 9GeV 근처에서 φ와 γ의 심한 공명을 볼 수 있다

다. 그러나 애당초 기본 입자가 몇 개가 있어야 하는지, 그 질량이 얼마인지에 대해서는 믿을 만한 이론이 전혀 없다. 그러므로 현재로서는 커다란 가속기를 만들어 새 입자를 찾아보는 것 이외에는 방법이 없다고도 말할 수 있다.

그러나 이론이 전적으로 무력(無力)한 것이냐고 하면 절대로 그렇지는 않다. 참쿼크의 존재는 J/φ입자의 발견보다도 훨씬 전에 이론적으로 예언되고 있었다. 또 눈에 보이지 않는 색깔의 양자수도 이론적 요청으로부터 생겼으며 쿼크 자체의 존재도 이론 없이는 흐릿해진다. 물리학자들이 자꾸만 거대 가속기(巨大加速器)를 건설하려고 계획하고 있는 것은 무엇인가 새로운 것이 나올 거라는 막연하고 무책임한 기대에만 바탕하는 것은 아니다.

  새 입자의 발견과 평행하여 1960년대부터 현재에 이르기까지 이론의 발전도 굉장한 것이어서 여러 가지 중요한 개념이 연달아 태어났고 그 유효성도 실증되었다. 그리고 아직 불완전하다고는 할망정 모든 기본 입자와 모든 힘의 장을 통일적으로 기술하는 새로운 이론의 제창 가능성도 단순한 꿈만은 아닌 것처럼 생각되었다. 그리고 이와 같은 이론에 따르면 입자나 장은 아직도 다 무대 위에 등장한 것은 아닌 것 같다.

13장
끈이 달린 쿼크

하나의 패러독스

이야기를 다시 되돌리자. 쿼크 모형은 하드론의 SU_3 대칭성을 잘 설명해줄 뿐만 아니라 어떠한 스핀 상태가 나타나는가에 대해서도 SU_6의 이론에 의하여 어느 정도 성공을 거두고 있다. 즉 이 이론에 따르면 하드론은 마치 쿼크들이 느슨하게 결합되어 있는 것처럼 행동한다. 그러나 쿼크는 결코 바깥으로 튀어나가지 않으므로 이것은 분명히 하나의 패러독스(Paradox)이다.

하드론의 성질 가운데에는 그 밖에도 아직 언급하지 않았던 중요한 몇 가지가 더 있는데 쿼크 모형은 그것들까지도 설명할 수 있어야 한다. 그러나 그러기 위해서는 모형에다 새로운 요소나 가정 따위를 첨가해야 한다는 것은 부득이한 일일 것이다. 이와 같은 경험적 사실과 그것을 설명하는 이론 내지 모형을 소개하는 것이 바로 이 13장의 목적이다.

하드론끼리 충돌시키면 일반적으로 탄성 산란(彈性散亂)뿐만 아니고 몇 개의 하드론의 다중발생(多重發生)도 일어난다. 에너지를 바꾸면 반응의 단면적이 크게 진동하여 공명 상태, 즉 하드론의 들뜬 상태가 존재한다는 것을 보여준다. 또 다중발생의 결과 생성된 입자들의 에너지 분포를 조사해 보면 높게 들뜬 상태의 하드론이 소수 만들어져서 그것이 다시 몇 개의 하드론으로 붕괴하는 경우가 많다는 것도 알려져 있다.

여기서 두 가지 질문을 해 보기로 하자. 첫째로 하드론의 들

뜬 상태는 몇 개나 있을까? 에너지를 계속 올려만 간다면 공명
도 무제한으로 반복되어 나타날까? 둘째로 에너지를 올렸을 때
반응의 단면적은 어떻게 변할까? 또 발생하는 입자의 수나 에
너지 분포는 어떻게 될까?

이들 질문에 대한 대답을 우선 그림으로 살펴보자. 앞에 나
온 〈그림 7-7〉이 그것인데 이 그림은 $\pi^+ + p$의 전체 단면적이
에너지와 더불어 어떻게 변화하는가를 도표화한 것이다. 즉

$$\pi^+ + p \rightarrow x$$

이며, 표는 가능한 모든 반응을 포함한다. 이 그림으로부터 알
수 있는 것은

1. 공명은 몇 번이나 반복되지만 고에너지에서는 차츰차츰 눈에
   두드러지지 않게 된다.
2. 단면적은 대국적으로는 감소되는 경향을 갖지만 최종적으로는
   일정한 극한값에 접근하는 듯이 보인다.

두 번째 문제부터 설명하기로 하자. 단면적이 유한한 값에
접근한다는 것은 하드론이 일정한 크기(사이즈)를 갖기 때문이
라고 해석된다. 반지름 a의 공을 반지름이 b인 표적의 공에다
충돌시키기 위해서는 공의 중심이 표적의 중심으로부터 a+b의
반경 이내에 들어가야만 하므로 단면적 σ는

$$\sigma = \pi(a + b)^2$$

이 된다. 소립자의 경우에는 파동으로서의 확산이 더 보태지기
때문에 단면적이 더 커져도 되지만 고에너지, 즉 짧은 파장의
극한에서는 위와 같은 고전역학적인 해석이 대체로 들어맞는

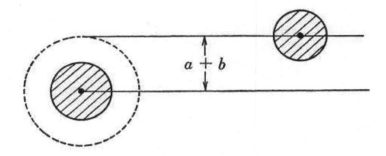

<그림 13-1> 반지름 a인 공을 반지름 b의 공에 충돌시키려면……

다. 그러므로 σ(시그마)의 크기로부터 하드론의 반지름이 약 1 페르미(10^{-13}㎝) 정도로 추론되는데 이것은 물론 우리가 이미 알고 있는 사실이다.

　다음은 공명에 대한 설명인데 에너지의 증가와 더불어 곡선이 차츰차츰 매끈해지는 것은 반드시 공명 상태가 없어진다는 것만을 뜻하는 것은 아니다. 고에너지에서는 많은 반응이 가능해지므로 그 어느 것(일정한 각운동량 상태)에 공명이 생기더라도 그것은 전체 단면적의 극히 일부에 지나지 않게 되며, 따라서 배경 속에 묻혀서 보이지 않게 될 가능성도 있고 또 폭이 넓은 공명이 연달아 겹쳐지게 되면 그 전체가 평균화되어 버릴지도 모른다.

　그것은 어쨌든 간에 이들 공명 상태에는 어떤 규칙성이 있을까? 우선 알고 싶은 것은 에너지(질량)와 스핀이다. 스핀, 다시 말해 공명 상태의 각운동량은 산란의 각분포를 분석함으로써 결정된다. 위에서도 말했듯이 각운동량이 클수록 산란이 산란 각도에 따라 번질나게 변동하게 된다.

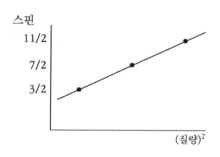

〈그림 13-2〉 레제 궤도

질량(정지에너지)의 제곱과 스핀의 관계를 그래프로 그려놓은 것을 레제 궤도라고 부른다. 이것은 이탈리아의 레제(T. Regge)가 세운 산란 이론(散亂理論)에 나타나는 관계를 표시하는 것인데 $\pi^+ + p$(즉 아이소스핀=3/2)인 경우에 대하여 그려보면 〈그림 13-2〉와 같이 멋진 직선이 얻어진다. 스핀 j=3/2인 점은 이미 친숙해진 바 있는 3-3 공명을 나타낸다. 이 그림의 나머지 두 점은 스핀 값이 2씩 j=7/2, 11/2……로 건너뛰고 있다.

다른 반응, 이를테면 $\pi^- + p$나 $K^- + p$ 등에 대해서도 대체로 비슷한 결과가 얻어진다. 이것들은 각각 내부 양자수(스트레인지니스, 아이소스핀 등)가 서로 다른 바리온 공명 상태의 레제 궤도에 해당한다. 중간자의 공명(들뜬) 상태에 대해서도 $\pi + \pi$와 같은 산란을 생각하면 되겠지만 π중간자 자체가 불안정하기 때문에 실제로는 잘 관측되지 않는다. 그러나 스핀 0, 1……의 상태의 존재가 그것들의 생성과 붕괴로부터 알려져 있으므로(이를테면 $P + P \rightarrow \rho + \cdots\cdots$, $\rho \rightarrow \pi + \pi$) 레제 궤도를 그려보면 역시 직선이 된다.

이들 레제 궤도는 직선일 뿐만 아니라 서로 평행이다. 즉 스핀과 더불어 질량(의 제곱)이 불어나는 비율은 같으며 최초의 출발점만이 내부 양자수에 의하여 달라질 뿐이다. 이와 같은 레제 궤도의 보편적인 성격은 놀라운 일로서 무엇인가 깊은 이유가 있어야 한다. 만약 직선이 언제까지고 계속된다면 공명 상태는 무한대의 스핀, 무한대의 에너지로까지 반복되는 것은 아닌지?

쿼크 모형의 입장에서 본다면 아무리 높은 에너지에 도달하더라도 공명이 나타난다는 것은 쿼크가 아무리 하여도 자유롭게는 될 수 없다는 것을 입증하고 있는 듯이 보인다. 그러나 좀 더 정밀한 설명이 필요하다.

하드론의 끈 모형

여기서 레제 궤도에 대한 이론적 설명을 해 보자. 실제의 발전 경로를 더듬지는 말고 결과에서부터 시작해가는 쪽이 더 간단하다. 하드론의 끈 모형〔또는 현(弦) 모형〕이라 불리는 것이 그것이다. 이 모형에 따르면 하드론은 쿼크가 고무끈과 같은 것으로 연결되어 있다고 본다. 〈그림 13-3〉을 보기 바란다. 이 그림은 중간자와 바리온의 구조를 보인 것인데 끈 끝에는 반드시 쿼크가 달려 있다. 고무끈과 다른 점은 잡아당기면 무제한으로 늘어나지만 장력(張力)은 계속 일정하다는 점이다. 말하자면 '거미줄'과 같은 것이다. 또 끈이 끊어지는 수도 있으며 그때는 끊어진 곳에 쿼크와 반쿼크의 쌍이 발생하는 것이라 생각한다.

중간자의 내부 운동을 고찰해 보기로 하자. 끈이 늘어났다 오므라들었다 하여 마치 요요(YOYO, 두 장의 원판을 축으로 연결하

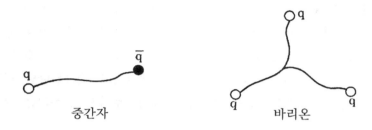

〈그림 13-3〉 끈 모형

고 축 둘레에 끈을 감고 끝을 당겼다 놓았다 흔들면 위아래로 올라갔다 내려갔다 하는 장난감)와 같은 운동을 할 수도 있고, 또 긴 끈에 추를 매달아 해머던지기 모양으로 빙글빙글 돌게 하여도 된다. 이때는 원심력과 장력이 평형을 이루어 막대기를 휘두르는 것과 다를 바 없다. 에너지=질량이라는 원리에 따라 각 점에 축적된 (장력의 에너지)=(끈의 질량밀도)라고 생각하면 평형의 조건식은 간단히 구해진다. 끈의 길이는 끈 끝의 접선운동이 광속도 이상으로는 도달하지 못한다는 조건으로 제약을 받고 천천히 돌릴수록 길어진다는 야릇한 결과가 나오지만 끈의 전체 에너지 E와 각운동량 ℓ 의 관계를 조사해 보면 정확하게

$$\ell \propto E^2$$

이 된다. 이 비례상수는 장력의 세기에 의해 결정되므로 레제 궤도의 기울기는 보편적이라는 결론이 이끌어진다.

바리온에 대한 논의는 중간자의 경우만큼 간단하지는 않다. 도대체 3개의 끈을 왜 〈그림 13-3〉과 같이 연결하여야 하느냐는 질문을 던지고도 싶겠지만 이것은 끈의 개념을 색깔의 게이지장과 관련지어야 하는 요구에서 생긴 것이므로 지금은 그에

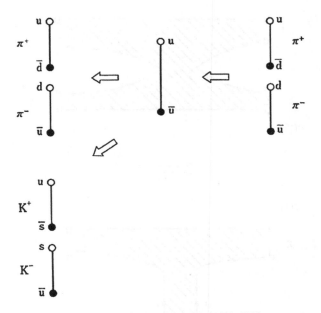

〈그림 13-4〉 2개의 끈의 절단과 연결

대한 설명은 접어두기로 한다.

　다음으로 끈을 잇거나 자르거나 하는 과정을 설명해야 할 것이다. 이것은 하드론이 일으키는 반응을 기술하는 데 있어서 매우 유용한 구실을 한다. 이를테면 π^+중간자와 π^-중간자의 산란을 생각해 보자. 이때 $\pi^+ = u\bar{d}$와 $\pi^- = d\bar{u}$의 끈이 결합하여 $u\bar{u}$ 또는 $d\bar{d}$의 쌍이 소멸하고 일시적으로 단 한 줄의 끈이 생기지만 그것이 다시 끊어져서 2개의 중간자가 생겨난다는 것이 산란 과정이다. 이를테면 최후의 중간자는 $\pi^+\pi^-$에만 국한되지 않고 $K^+ = u\bar{s}$와 $K^- = s\bar{u}$ 또는 $K^0 = d\bar{s}$ 또는 $\bar{K}^0 = s\bar{d}$가 되어도 괜찮다.

168

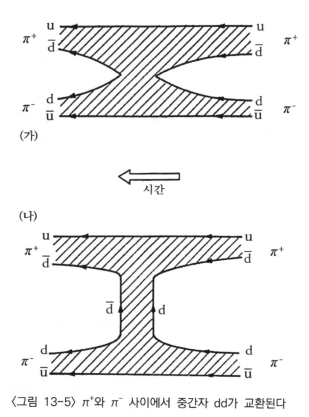

〈그림 13-5〉 π⁺와 π⁻ 사이에서 중간자 dd가 교환된다

위에서 든 예에서 두 끈의 운동을 시간적으로 추적한 것이 〈그림 13-5〉의 (가)이다. 한 끈이 시간 방향으로 흘러가서 테이프를 만든다. 그 가장자리가 쿼크의 흐름이다. 그리고 2개의 테이프는 몸이 한데 붙은 쌍둥이처럼 일시적으로 밀착하여 하나가 되기도 한다(〈그림 13-5〉의 중간 부분).

그림을 조금씩 변형시켜 나가면 〈그림 13-6〉의 (나)가 얻어진다. 이것은 바로 두 중간자 사이에서 하나의 K⁰중간자가 교환되

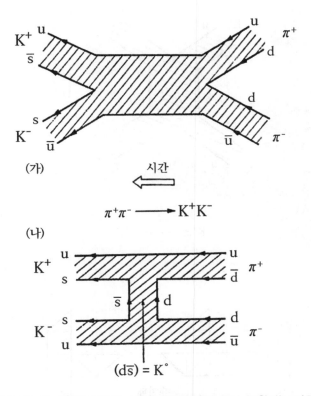

〈그림 13-6〉 2개의 중간자 사이에 K중간자가 하나 교환되는 과정

는 과정을 나타낸다. 즉 이것이 곧 유카와(湯川)적인 기술이다.
이것을 좀 더 변형하여 시간축을 90도 회전시켜 보면 이번에는
K⁺중간자와 π⁻중간자의 끈의 산란을 나타내는 그림이 되어 버린
다〔〈그림 13-7〉. 다만 화살표 방향을 바꿔 놓으면 입자가 반입자가 된
다는 점에 주의. 예컨대 〈그림 13-6〉의 (나)를 일단 〈그림 13-7〉의 위
그림처럼 바꾼 후 K⁻를 나타내는 왼쪽 아래쪽 그림에서 화살표의 방향
을 바꾸면 $K^-, \bar{u}, s$ 는 $K^+, u, \bar{s}$ 로, 즉 반입자로 바뀜〕.

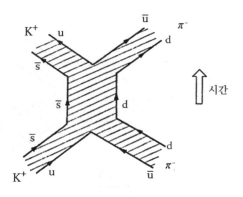

$$K^+\pi^- \longrightarrow K^+\pi^-$$

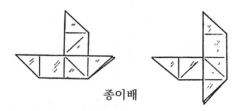

종이배

〈그림 13-7〉 하드론의 산란은 마치 종이배처럼……

필자는 어릴 적에 '쌍머리 종이배 접기'라는 놀이를 좋아했다. 여러분이 알다시피 이 놀이는 돛배의 돛이 어느 틈엔가 돛이 아니라 뱃머리로 바뀌어 버리는 놀이인데 하드론의 산란도 마치 이 종이배와 비슷한 것이 된다. 전문가들의 용어로는 '쌍대성(雙對性)'이라는 이름으로 불리고 있다.

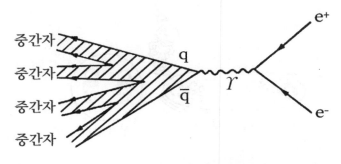

〈그림 13-8〉 양전자-전자 반응

끈의 모형을 양전자와 전자 사이의 반응에다 응용해 보자. 이때 $e^+e^- \rightarrow \gamma \rightarrow q\bar{q}$의 반응에 의해 만들어진 쿼크쌍이 고에너지로 반대 방향으로 튕겨나갔다고 한다. 그러나 q와 $\bar{q}$ 사이에는 끈이 붙어 있으므로 끈이 끊어지지 않는다면 언젠가는 도로 끌어당겨지고 만다. 그러나 끈이 토막토막으로 잘려져 버릴지도 모른다. 그러면 그 하나하나가 중간자가 되어서 나타나는 것이다(그림 13-8). 껌을 씹어 가느다랗게 늘어뜨렸다가 갑자기 잡아당기면 세 토막 이상으로 끊어지기는 어려우나 하드론의 경우는 에너지를 높여주면 여러 토막으로 잘려지는 수, 즉 다중도(多重度)가 점점 불어난다.

끈이란 무엇인가?

그렇다면 이 끈의 실체는 무엇일까? 나중에 자세히 설명하겠지만 현재 믿는 바로는 전기장(電氣場)의 역선(力線)이 죄어진 것과 같은 것이라고 생각되고 있다. 설명을 위해서는 자력선(磁力線)을 생각하는 편이 알기 쉽다. 끈을 자석에 비유하면 쿼크는

회전 상태　　　　정지 상태

주머니에 들어간 쿼크

그 극(極)에 해당한다. 막대자석을 둘로 자르면 그것이 제각기 하나씩의 자석이 되어 절대로 북극과 남극을 고립시킬 수는 없다. 그러므로 고립된 단독 쿼크란 존재하지 않는 것이다.

　위의 유사성에 어떤 의미가 있다고 한다면 끈은 수학적인 선이 아니고 다소의 두께를 갖는다고 생각하는 편이 나을 것 같다. 특히 짧은 끈, 즉 저에너지의 상태는 그 길이나 굵기가 같고 등방적이라고 생각하는 것이 더 자연스러울 것 같다. 이와 같은 상태를 다루기 위하여 고안된 모형이 존슨(Johnson)의 주머니(Bag) 모형이다. 이 모형에 따르면 하드론은 고무풍선 속에 쿼크를 가둬 넣은 것과 같은 것이 된다. 만약 이 풍선을 빨리 회전시킨다면 원심력 때문에 이 풍선은 비행선 모양으로 변형될 것이다. 이것이 바로 끈인 셈이다.

14장
파톤 이론

하드론은 부드럽다

하드론은 그 성격이 복잡하다. 끈 모형으로 무엇이든지 다 설명되는 것은 아니며 이것과 모순되는 일면도 지니고 있다. 14장에서는 하드론의 또 다른 일면을 살펴보기로 하겠다.

하드론-하드론 사이의 산란은 고에너지에서 공명이 없어지고 단면적이 매끈해진다는 것을 13장에서 이미 설명했다. 이 매끈하고 아무런 변화도 없는 지루하기만 한 부분을 이제부터 논의하자는 것이다. 실험에 의하여 차츰차츰 밝혀진 일이지만 이 에너지 영역에서의 하드론의 행동은 이보다 더 지루할 수 없을 만큼 철저하게 지루했던 것이다.

고에너지에서 주로 일어나는 반응은 하드론의 다중발생이다. 이를테면 CERN이나 FERMILAB의 양성자-양성자 반응에 서는 평균 10개 정도의 하드론이 생성되는데 그 대부분은 π중간자들이다. 이 경우 생성물을 통계적으로 다루어 이를테면 입자의 에너지 분포를 관측한다든가 하는 것이 실질적으로는 가장 용이하고 또 분석도 하기 쉽다.

실제로 반응이 어떤 모양으로 일어나는가 알아보자. 서로 반대 방향으로 달려가는 두 양성자가 충돌하면 그 각각이 많은 파편(하드론)으로 깨져버리는데, 파편이 옆 방향으로 흩어져 나가는 일은 거의 없으며 앞쪽과 뒤쪽으로 제트(Jet)가 생긴다. 이 제트가 퍼지는 각도는 입사에너지에 반비례한다. 이것은 하드론이 물렁물렁하고 부드러운 것이라는 증거이다.

원자의 구조를 확립한 러더퍼드의 추론을 상기하기 바란다. 러더퍼드는 α입자가 원자와 충돌할 때 큰 각도의 산란이 자주 일어나는 것을 원자 속에 작고 무거운 핵이 있기 때문이라고 추론했었다. 그런데 지금의 경우는 사정이 정반대로 되어 있다. 즉 하드론 속에 딱딱한 핵이 없기 때문에 충돌 때 양성자나 그 생성물의 운동량이 방해되지 않고 타성에 의하여 전방으로 돌 진하는 것이라 생각된다.

그렇다면 하드론 속에 들어 있는 쿼크는 어떻게 되었을까? 러더퍼드의 산란에서처럼 쿼크와 쿼크가 서로 충돌하는 일은 없을까? 물론 끈 모형에 따르면 사정이 많이 달라지긴 하겠지 만 제트가 생긴다는 것은 끈이 토막토막으로 끊어져 버린다는 것을 뜻하므로 그것에 대한 설명이 필요하다.

이 문제에 빛을 던져줄 데이터가 1967~1968년경에 SLAC에 서 나왔다. 그것은 하드론-하드론의 산란이 아니고 20GeV의 전자선형(電子線型) 가속기를 사용한 전자-양성자의 반응을 쓴 실험 데이터였다. 실은 이쪽이 양성자-양성자 반응보다 러더퍼 드의 실험과 더 잘 대응하고 있다. 점상(點狀)의 α입자(헬륨 원 자핵)를 퍼져 있는 구조를 갖는 원자에다 충돌시켜 그 원자의 구조를 캐는 대신, 점상의 전자를 퍼진 구조의 양성자에다 충 돌시키는 것이다(물론 퍼져 있는 척도의 크기가 전혀 다르지만). 더 군다나 전자는 강한 상호작용을 갖지 않으며 또 전자가 갖는 전자기적 상호작용의 성질은 상세히 알려져 있기 때문에 이론 적 분석도 편리하다.

이런 종류의 실험은 호프스태터(R. Hofstadter)가 원자핵 내

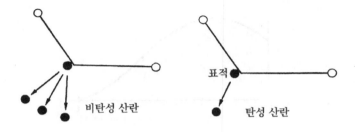

〈그림 14-1〉 탄성 산란과 비탄성 산란

부의 전하 분포를 조사하기 위하여 SLAC에서 오래전부터 하고 있었으며 그는 이 공적으로 노벨상을 수상했다. 그의 실험은 탄성 산란(충돌하는 입자의 내부 구조는 변화시키지 않고 운동 방향만이 바뀌는 충돌)이었고, 우리의 경우는 비탄성(非彈性)충돌, 즉 양성자가 여러 하드론을 방출시키는 과정이라는 점이 상이하다. 실험에서 측정하는 것은 반응 후의 전자의 에너지와 방향이었다. 양성자가 어떤 구조를 갖느냐에 대해서는 묻지 않기로 하고, 우선 탄성 산란이라면 전자의 에너지는 산란 방향에 따라서 일의적(一意的)으로 결정된다. 그러나 만약 양성자를 파괴하려고 한다면 그만큼 여분의 에너지가 필요하기 때문에 같은 방향으로 전자가 산란되어도 그 에너지는 탄성 산란의 경우보다 작을 것이 예상된다. 따라서 일정 방향으로 산란되어 나가는 전자의 에너지 분포는 양성자의 파괴 방향의 분포를 반영하게 될 것이다.

무한소의 점 입자
실험 결과 스케일링 법칙이라는 간단한 법칙이 발견되었다.

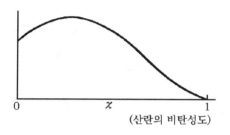

〈그림 14-2〉 비오르켄의 스케일링 법칙

한마디로 말해 이 법칙은 어떤 입사에너지에서의 산란전자의 에너지와 각도 분포를 측정해두면, 입사에너지를 바꾸었을 때의 결과는 산란전자의 에너지를 적절히 환산했을 때의 결과와 같아진다는 사실이다. 바꿔 말하면 에너지에 의하여 적절하게 축척(縮尺)을 바꾸어주면 모든 데이터가 단일 곡선 위에 실리게 된다는 것이다. 그런 상황을 그린 것이 〈그림 14-2〉이다. 그림에서 가로축 x는 산란의 비탄성도(非彈性度)를 나타내는 것이다. 따라서 x=1은 탄성 산란을, x=0은 완전 비탄성 산란, 즉 전자가 양성자에 달라붙어 버리는 것에 해당한다.

  이 스케일링 법칙은 실은 실험보다도 앞서 이론가인 비오르켄(Bjorken)이 예측하고 있었으므로 일반적으로 비오르켄의 스케일링 법칙이라 불리고 있다. 그것이 뜻하는 바는 결국 하드론의 내부에는 일정한 스케일(척도 기준)이 없다는 것이다. 다시 원자를 예로 들면 원자는 그 전체의 크기와 원자핵의 크기라는 두 단계의 척도 기준을 가지고 있다. 양자론(量子論)에서 길이의 스케일은 에너지의 역스케일로 되어 있으므로 척도가 둘이 있으면 낮은 에너지와 높은 에너지에서 현상이 본질적으로 다를 수도 있게 된다. 그러나 스케일이 한 종류라면 아무리 에너지 값을 올려 주더라도 새로운 현상은 일어나지 않을 것이다. 이 때 굳이 제2의 스케일이란 무엇이냐고 묻는다면 무한대(無限大)라고 말해야 할 것이다. 바꾸어 말하면 하드론 속에 구성 입자가 있다면 그것은 무한소(無限小)의 점 입자(點粒子)라고 생각할 수 있다.

파인만*의 파톤 모형

이것을 좀 더 구체적으로 나타낸 모형이 파인만(Feynman)에 의하여 제안되었다. 파인만은 이른바 파인만 다이어그램의 창시자로서도 널리 알려져 있는 물리학자이다. 그가 이 이론에서 내놓은 가설은 하드론이 수많은 입자로 구성되어 있다는 가설이다. 그는 이 구성 입자들에 파톤(Parton, 부분을 이루는 입자)

* **파인만**(Richard P. Feynman)

미국 뉴욕 출신. 프린스턴대학에서 학위를 받은 것이 1942년이었다. 원자폭탄의 맨해튼 계획에 참가했다. 물리학에 대해서는 파격적인 스타일로 새로운 관점을 전개하여 파인만의 함수적분이라 일컬어지는 방법으로 양자역학을 정의하자고 제창했다. 현재는 이것이 정통파가 되려 하고 있다. 또 그것의 자연적인 귀결로서 반(反)입자는 미래에서부터 과거로 달려가는 입자라고 하는 사고방식을 찾아내었고, 더 나아가 파인만-다이어그램이라는 오늘날의 표준적 계산 방법을 발명했다. 1965년 도모나가, 슈윙거와 함께 노벨상을 받았다. 그 밖의 유명한 업적으로는 파인만-겔만의 V 마이너스 A(V-A) 이론(1957)과 파톤 모형(1969) 등을 들 수 있다.

파인만은 성격이 자유분방하여 미국적 기지(機知)에 넘치는 독특한 존재이다. 학회 등에서는 청중을 매료하는 스타가 된다. 대학생용으로 쓰인 물리학 교과서도 유명한 것이지만 그것을 소화하기란 무척 힘든 일이다.

이라는 이름을 붙였다.

파톤 모형에 의한 전자-양성자 반응의 설명은 다음과 같다. 양성자는 말하자면 파톤으로 된 가스체와 같은 것이고 반응은 그 속의 임의의 1개가 전자와 충돌하여 튕겨지는 과정이라 볼 수 있다. 1개의 파톤은 일정한 질량을 갖지 않으며 무거운 파톤에서부터 가벼운 파톤에 이르기까지 모든 종류가 일정한 비율로 혼합해 있다. 더군다나 그 수도 일정하지 않으며 다만 파톤의 에너지 총계가 양성자의 전체 에너지와 같으면 된다. 전자와 양성자가 충돌할 때, 실은 전자와 파톤의 하나가 충돌하여 전자가 튕겨 나오는데 이 전자의 산란각과 에너지 사이의 관계는 상대 파톤의 무게에 따라서 바뀐다(무게가 여러 가지로 다른 당구공으로 게임을 하는 것과 같다). 따라서 〈그림 14-2〉의 곡선은 파톤의 에너지(질량) 분포를 반영하고 있는 것으로 간주된다. X가 큰 곳은 무거운 파톤과, 작은 곳은 가벼운 파톤과의 충돌에 해당하므로 그림으로부터 알 수 있듯이 양성자 속에는 가벼운 파톤이 비교적 많이 채워져 있다고도 말할 수 있다.

이 엉뚱한 파톤 모형의 장점은 스케일링 법칙을 설명할 수 있을 뿐만 아니라 실험 데이터를 파톤의 확률 분포에다 귀착시킨다는 점이다. 일단 분포가 결정되고 나면 이것을 전자-양성자 산란뿐만 아니고, 이를테면 양성자-양성자 산란에도 응용할 수 있다. 이때는 파톤끼리의 산란을 생각하는 셈으로 역시 일종의 스케일링 법칙이 성립된다. 그러나 이때의 산란은 전자기적인 것이 아니고 강한 상호작용에 의하는 것으로 생각해야 한다. 또 이때 측정하는 것이 산란의 결과 만들어진 하드론의 에너지 분포이다. 가벼운 파톤의 충돌에 의한 저에너지의 하드론이 많이 나온다는 것은 전자-양성자 반응의 경우와 비슷하다.

쿼크 모형과의 비교

쿼크 모형의 사고방식과 지금까지 설명해 온 하드론 모형 사이에는 유사한 점도 있으나 또 서로 받아들여질 수 없는 모순된 점도 있다는 것이 분명하다. 우선 (파톤)=(쿼크)라고 보는 것이 자연스럽기는 하지만 파톤은 수가 일정하지 않다. 예컨대 양성자는 3개의 파톤만으로 이루어지는 것이 아니고 작고 가벼운 파톤도 포함하고 있다. 더군다나 파톤은 가정에 의하면 서로 상호작용을 하지 않지만 쿼크는 서로 끈으로 연결되어 있을 터이다.

전자-양성자 산란에 관한 데이터 처리에서는 또 한 가지 문제점이 있다. 그것은 파톤 속에 전하를 갖지 않는 중성인 것도 있다는 점이다. 중성 파톤은 전자와 충돌할 수는 없으나 양성자가 갖는 전체 에너지의 일부를 걸머지고 있다. 그러므로 산란된 전자만을 고려하는 한 에너지의 앞뒤가 들어맞지 않게 된다. 실제로 실험에서 얻어진 데이터에 의하면 평균적으로 전체 에너지의 절반은 중성 파톤이 걸머지고 있다고 해석할 수밖에 없게 된다.

이런 식으로 두 모형 사이에 모순이 있다는 것은 결국 하드론 자체가 복잡한 성격을 지니고 있다는 사실을 반영하는 것이며 이 개개의 모형은 제각기 하드론의 어느 한 면만을 기술하고 있는 것이라고 생각해야 할 것이다. 일찍이 사카타가 강조한 바와 같이 모형이라는 것은 최종적인 이론이 아니다. 모형을 세울 때는 그 다음번에 더 본질적인 이론이 나타날 것이라

멀면 끈, 가까우면 글루온

는 것을 예기해야 한다.

다행히도 이 본질적인 단계는 이미 도래한 것 같다. 나중에 16장에서 설명할 QCD(색깔의 게이지장의 양자론)가 그것인데 위의 모순이 어떻게 해석되었는가를 한마디로 간단히 설명해 두겠다.

중성 파톤은 색깔의 게이지장의 양자(量子), 즉 글루온(Gluon)이다. 색깔의 게이지장에 의한 쿼크 사이의 힘은 전자기력과는 다르며, 원거리에서는 강하고 근거리에서는 약해지는 경향을 지닌다. 끈은 원거리에서의 성질을 나타내고 파톤은 근거리에서의 성질을 특징짓는 것이다. 그리고 파톤의 수가 일정하지 않은 이유는 쉼 없이 글루온이 쿼크, 반쿼크와 쌍으로 전환하거나 그 반대 현상이 일어나기 때문이다.

15장
도모나가의 재규격화 이론

새로운 현상을 쫓아가기에도 바쁜 소립자물리학

여기까지 읽어 온 독자 여러분은 아마 소립자물리학이란 결국 이 모형 저 모형 여러 가지 모형을 긁어모아놓은 것에 불과하며, 정성적(定性的)으로 모든 사실을 설명할 수는 있어도 정량적으로는 정밀한 대답을 내놓을 수 없을 뿐더러 모든 사실을 계통적으로 이끌어 낼 수 있을 만한 근본적인 이론도 없다는 인상을 갖지나 않았나 근심된다.

이와 같은 비판에 반박한다는 것은 퍽이나 어려운 일이다. 이를테면 뉴턴 역학에 의하여 일식(日食)이 일어나는 시각과 장소를 정확히 예언할 수 있거나, 아인슈타인의 일반상대론에 의한 수성(水星)의 근일점(近日點) 이동이 100년당 43초라는 것을 어김없이 측정에 의해 확인할 수 있었던 것과 비교한다면 소립자물리학은 일반적으로 훨씬 더 조잡하다. 그러니 정밀과학이라는 명칭이 합당하지 않을지도 모른다. 사실 소립자의 세계에서는 정량적인 해명보다는 오히려 새로운 현상이나 새로운 실체를 쫓아가기에 바쁘고 정성적인 이해가 선결 문제였던 것이다.

양자전자역학

그러나 우리의 능력이 초정밀 영역에까지 도달해 있는 부문도 소립자물리학 속에 있기는 있다. 예컨대 양자전자역학(量子電磁力學), 줄여서 QED(Quantum Electro Dynamics)라 불리는 분

야가 그것으로서 소립자의 전자기적 성질을 다룬다. 특히 전자
나 뮤온 등 렙톤의 전자기적 성질에 대하여는 이론적으로나 실
험적으로도 매우 높은 정밀도를 얻고 있으며 더구나 양쪽 값이
딱 맞아떨어져서 말썽을 부릴 여지가 없다.

그 대표적인 예는 전자(電子)의 자기모멘트이다. 이것은 디랙
방정식으로부터 나오는 소박한 결론—즉 보어-마그네톤(Bohr-
Magneton)의 2배의 값—보다 매우 근소하게만 차이를 갖는 다음
과 같은 보정인자(補正因子)가 걸리도록 되어 있다.

실험값 1.001159652200

이론값 1.001159652415

이와 같이 정밀도가 높은 측정을 수행해 낼 만한 실험가의
능력도 능력이려니와 QED에 의한 계산도 엄청난 규모이다. 이
방면의 권위자인 일본의 기노시타(木下東一郎, 코넬대학)에 따르면
그가 정밀도를 높이기 위해 하고 있는 계산은 대형 컴퓨터를
사용해서도 수백 시간이나 걸린다고 한다.

사람들이 이런 큰 노력도 아끼지 않고 하는 이유는 QED가
전면적인 신뢰를 받고 있기 때문이다. 거꾸로 말한다면 만약
어딘가에 약간의 파탄이 생기기만 해도 벌써 그 자체가 하나의
커다란 발견이 될 것이다(위의 자기능률 값 사이의 근소한 차이는
진짜라고는 생각되지 않는다). 이 QED는 도모나가*, 슈윙거*, 파

* **도모나가 신이치로**(朝永振一郎)
　일본 도쿄(東京) 출신으로 교토(京都)에서 자랐다. 아버지는 철학자였다. 그
는 역시 노벨상을 받은 유카와와는 나이나 환경이 비슷하고 또 같은 소립
자론으로 나아가 일생의 라이벌이 되었다. 도쿄의 이화학연구소(理研)의 일
부인 니시나(仁科) 연구실로 들어갔다가 다시 독일의 하이젠베르크 아래서

인만, 다이슨(Dyson)에 의하여 1940년대에 완성된 것으로서 소립자론을 전공하고 있는 이론가들에게는 하나의 본보기가 되는 이론 형식이다.

무한대의 자기에너지

QED의 본질은 '재규격화(再規格化)' 개념 안에 들어 있다. '재규격화'라는 것은 도모나가가 제창한 일본 말의 '구리코미'라는 말을 번역한 것인데 '구리코미'란 말인즉 '이자를 원금에다 부어 넣는다'는 뜻이라고 생각하면 된다. 영어로는 Renormalization 이라 하는데 여기서는 한국과학기술단체 총연합회에서 제정 편찬한 과학기술용어집을 좇아 '재규격화'라는 말을 쓰기로 한다.

그것은 그렇고 QED는 전자와 전자기장의 상호작용을 양자역학적으로 다루는 이론이다. 전자(電子)에 대해서는 디랙 방정식, 전자기장에 대해서는 맥스웰의 방정식이 기초가 된다. 이 이론에 의하면 양자론적 효과의 한 현상으로서 전자는 항상 가상적

유학한 점이 유카와와는 다르다.

전쟁 중(1943년 이래) 초다시간 이론(超多時間理論)이라는 것을 서서히 전개하여 이것이 1947년에 이르러 재규격화 이론(Renormalization Theory)의 완성, 램 시프트 등으로 응용되어 결실했다. 1965년 슈윙거, 파인만과 더불어 노벨상을 수상했다. 그 밖에 니시나 박사와 공동으로 우주선(宇宙線) 물리학에 공헌했고 또 전쟁 중에는 군사 연구의 일부로서 자전관(磁電管)의 이론, 입체회로(도파관)의 이론 등을 내놓았다. 학생을 잘 지도하여 직계 제자들을 많이 배출시킨 공적도 크다. 섬세한 일본적 감각의 소유자이며 1년 동안의 미국 생활(1949, 프린스턴)에서는 무척 고생을 했던 모양으로 "천국으로 유배를 당한 것 같다"고 제자들에게 말했다고 한다.

인 광자—가상 광자를 방출하기도 하고 흡수하기도 한다. 또 광자가 가상적으로 전자의 쌍으로 전환하기도 하고 역으로 원상태로 환원하기도 하는 등의 일시적인 과정이 쉼 없이 일어나고 있다는 것이다. 그 결과 두 전자 사이에 광자가 교환되어 전자기력을 발생하는데, 광자가 동일한 전자에 의하여 방출, 재흡수되는 일도 있다. 이것은 전자의 전하가 자기 자신에게 작용하는 현상으로서 그 때문에 전자는 전자기적 자기(自己)에너지(Self Energy)라는 일종의 퍼텐셜에너지(위치에너지)를 갖게 된다고 생각한다. 따라서 전자의 질량은 처음부터 기계적 질량과 전자기적 자기질량(自己質量)의 합으로 되어 있다고 생각되었다.*

이 문제는 고전적인 전자기역학에서도 나타나는 일로서 일찍이 로런츠(Lorentz)가 그의 유명한 전자론(電子論)에서 자세히 다루었던 문제이다. 지금 반지름 r인 금속구에 총 전하 e를 띠게 하면 그 요소들 사이에 작용하는 쿨롱 척력(斥力) 때문에 e^2/r 정도 크기의 자기에너지가 발생한다. 그러므로 r을 작게 해 가

* **슈윙거**(Julian Schwinger)

미국 뉴욕 출신의 신동(神童)이다. 컬럼비아대학의 라비 교수의 눈에 띄어 열일곱 살에 논문을 쓰기 시작하여 스물한 살에 박사 학위를 딴 이른바 20대 박사이다. 1947년 양자전자역학(量子電磁力學)을 독립적으로 전개하여 램 시프트, 전자이상자기능률(電磁異常磁氣能率) 등의 설명에 성공했다. 그 때문에 스물아홉 살에 하버드대학의 정교수가 되었고 이어 도모나가, 파인만과 더불어 노벨상을 받았다. 2차 세계대전 중에는 도파관(導波管)의 이론 등에 공헌했으며 또 오랫동안 수많은 제자와 협력자를 배출한 점 등 일본의 도모나가와도 유사한 점이 많다. 슈윙거의 업적은 젊었을 때부터 열거할 수 없을 만큼 많으나 수리물리적(數理物理的)인 경향이 짙다. 캘리포니아대학(UCLA)의 교수였다.

면 자기에너지는 얼마든지 커지고 만다. 전자의 반지름을 1페르미(10^{-15}m) 정도라고 하면 전자의 자기에너지는 실제의 전자 질량과 같을 정도가 되기 때문에 로런츠는 이것이 전자의 크기이고 질량은 전부 자기에너지에 의한다는 생각을 제창하였다.

그러나 그렇다고 하면 전자는 이미 구조를 갖는 것이 되며 점입자(點粒子)가 아니라는 것이 된다. 그러니 전연 구조를 갖지 않는 진짜 소립자가 있다면 그 소립자는 점이 되어야 할 것이며 그 결과 결국 무한대의 자기에너지를 피할 수가 없게 된다.

그러나 장의 양자론에 바탕하면 결과가 약간 달라진다는 것을 1930년대에 바이스코프(Weisskopf)가 발견했다. 즉 점전자(點電子)가 있다 해도 그 둘레에는 항상 전자기장이 가상 전자의 쌍으로 된 구름을 만들기 때문에 사실상 전하가 점전하 둘레에 퍼져 있는 것 같은 상태를 나타낸다(그림 15-1). 이렇게 전하가 퍼져 있는 상태는 자기에너지를 유한으로 하지는 않으나 무한대의 도(無限大 度)는 대수적(對數的)이 되어 매우 온건해진다.

로런츠의 생각을 여기에 적용하려면 전자의 크기는 10^{-13} cm 대신 10^{-30} cm 정도밖에 되지 않는다. 이런 미세한 영역은 도저히 현재의 소립자물리학이 영향을 미칠 바가 못 되므로 무시해도 그만이겠으나 원리적인 문제로서는 무시할 수가 없다. 뿐만 아니라 전자의 산란 면적 등의 계산을 계속 밀고 나가면 무한대의 양이 다시 나타나 양자전자역학은 난센스라는 결론도 나올 법하다.

체념의 효용—재규격화 이론

이 곤란을 극복하고 QED를 구제한 것이 도모나가, 슈윙거,

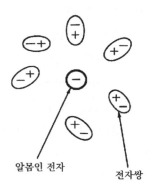

알몸인 전자   전자쌍

〈그림 15-1〉 점전자 둘레의 가상적 전자쌍

파인만, 다이슨의 이론이다. 그 정신을 한마디로 표현한다면 도모나가가 이따금 사용한 '포기(抛棄)의 원리'라는 표현을 인용하는 것이 적합하다고 생각한다. 이 말이 뜻하는 바는 이론이 완전하고 무엇이든지 계산할 수 있다는 기대를 포기하는 대신 이 세상에는 가능한 것과 불가능한 것이 있어 이 두 개를 분명히 분류하는 방법, 어떤 의미에서는 동양적인 체념(諦念)의 철학을 연상하게 하는 입장을 취하는 것이다. 이런 철학이 물리학으로서 성공을 거둔 까닭은 계산할 수 있는 것과 계산할 수 없는 것의 분리를 엄밀하게 수학적으로 실행할 수 있었다는 것을 도모나가와 그 밖의 사람들이 제시했기 때문이다. 이 이론에서 계산할 수 없는 것이란 전자의 질량(자기에너지를 포함하여)과 전자의 전하, 두 물리량인데 질량에 대해서는 이미 설명한 바 있다. 전하의 뜻은 다시 〈그림 15-1〉로 되돌아가 고찰해 보자. 점전자(點電子) 둘레에 유도된 전자쌍은 본래 전하와의 힘 때문에 분극(分極)을 일으켜 전자는 멀리 밀리고 양성자는 가까이

알몸인 전하는 보이지 않는다

끌리는 경향을 갖게 된다. 즉 본래의 점전하는 그 둘레의 구름
에 덮여서 그 알짜 전기량이 줄어들게 된다. 그런데 이 감소하
는 양을 계산해 보면 실은 무한대가 된다는 난센스한 대답이
나오는 것이다.

  그런데 도모나가가 지적한 바에 따르면 실제로 관측에 걸려
드는 것은 전체 질량과 전체 전하인데 이것들은 알몸 부분과
전자쌍의 구름 부분으로 가를 수가 없다는 것이다. 그러므로
구름 부분의 몫이 설사 무한대가 된다 하더라도 그것을 알몸
부분에 다 추가해준 전체가 실제의 질량과 전하라고 해석한다
면 무한대의 곤란을 잘 처리할 수가 있다. 말하자면 원금은 무

한대의 흑자이고, 이자는 무한대의 적자이지만 그 합인 알짜 전기량만은 유한한 크기를 가질 수 있다는 식으로 해석하자는 것이다.

도모나가의 QED가 일종의 대증요법(對症療法)이라는 것은 부정할 수 없을지 모른다. 그러나 그 결과로서 어떠한 전자기적 과정에 대해서도 대답을 내놓을 수 있었고 또 필요하다면 계산의 정밀도를 높일 수 있었다. 그리하여 위에서 든 자기모멘트(15장. '양자전자역학' 참조)라든가 유명한 램 시프트(Lamb Shift)라고 불리는 현상을 정확하게 정량적으로 설명해 보였던 것이다.

이러한 성공을 거둔 원인의 일부에는 전하 e가 비교적 작다고 하는 우연한 사정도 끼여 있다. QED에서 전자기력의 세기를 나타내는 척도(尺度)는 조머펠트(Sommerfeld)의 미세구조상수(微細構造常數) $e^2/\hbar c=1/137$이다. 광자 하나가 방출 및 재흡수될 때마다 그 계산값에는 이 계수(係數)가 하나씩 걸리기 때문에 많은 광자가 관여하는 과정은 1/137의 멱(거듭제곱)에 비례해서 억제된다. 즉 1/137의 멱급수로 전개되는 섭동론(攝動論)의 방법이 유효해지는 것이다〔위에서 말한 이상(異常)자기능률에 관한 기노시타의 계산은 1/137의 4제곱 항(四乘項)에 해당한다〕.

그러나 자연계에 존재하는 상호작용은 전자기적인 상호작용만이 아니라는 것은 이미 배운 바와 같다. 그러므로 QED의 성공을 다른 상호작용에도 적용하려 시도하는 것은 당연할 것이다. 그러나 이 일은 말하기는 쉬워도 실행하기는 여간 어려운 일이 아니다.

그 까닭은 우선 강한 상호작용도 약한 상호작용도 그 본성이 몹시 복잡하여 도무지 그 정체를 알아낼 수가 없다는 점이다.

또 어느 쪽도 다 도달거리가 짧은 힘이어서 전자기장의 경우와
는 달리 '재규격화' 이론이 일반적으로 잘 듣지를 않는다. 또
강한 상호작용의 경우는 그 세기 때문에 섭동론적 근사(近似)라
는 QED적 계산법이 쓸모가 없게 된다.

   이런 까닭으로 이론가들은 20년 동안이나 암중모색을 계속해
왔다. 그리고 재규격화 이론에 몇 가지 새로운 요소를 첨가함
으로써 가까스로 해결의 길이 트였던 것이다.

   16장에서는 강한 상호작용에 대하여 설명하고 그 뒤에 약한
상호작용에 대하여 다루기로 한다.

16장
QCD—색의 양자역학

중간자론에서 색의 역학으로

유카와의 중간자론의 목적은 핵력을 설명하는 데 있었다. 핵력이 중간자의 교환에 의하여 생긴다고 하는 해석은 현재도 성립되지만 중간자에는 종류가 무수하고 핵력을 기본 방정식에서 정량적으로 이끌어 낸다는 것은 바랄 수가 없다. 그러나 이것은 쿼크 모형으로 보면 당연한 일로서, 핵력을 논한다는 것은 복잡한 분자의 화학적 성질을 논하는 것과 그 성격이 같다. 즉 원자는 원자핵과 전자 사이의 쿨롱 힘에 의하여 만들어지지만 두 중성 원자 사이에는 더 이상 쿨롱 힘이 작용하지 않으며 상호편극(相互偏極)이니 전자 교환이니 하는 복잡한 힘으로 대치해야만 한다.

하드론이 색깔에 관해서 중성적인 성질을 갖는 쿼크 원자의 상태라는 것은 이미 11장에서 소개한 바와 같다. 색깔이 원자의 경우 전하에 해당하고 쿨롱의 힘과 같은 것이 쿼크의 색깔 사이에도 작용한다는 것이다. 이와 같은 힘은 유카와적인 핵력보다 더 기본적이고 그 성질이 간단할지도 모른다. 그러나 전하는 한 종류였는 데 반해서 색깔은 세 종류나 있으므로 전하의 개념 확장이 필요해진다.

맥스웰의 전자기장 이론의 특징을 일반화한 것에 '게이지장' 이론이라고 불리는 것이 있다. 양과 밀스가 최초로 제창했기 때문에 '양-밀스 장(場)'이라고도 불린다. 그러나 그 의미를 더 확장해서 아인슈타인의 중력장 이론마저도 포함하여서 게이지 장이라고 말하는 수도 있다. 그렇다면 도대체 게이지장의 특징은 무엇일까?

게이지장이란?

첫째로 게이지장이 만드는 힘은 도달거리가 길고 물통의 힘이나 중력과 같이 역자승(逆自乘)의 법칙을 따르는 것이 원칙이다.

둘째로 이 힘의 세기는 그 근원이 갖는 양자수에 비례하고 그 양자수에 대하여 보존법칙이 성립된다. 전자기장의 경우 전하가 그 예이다.

이 두 가지 성질은 논리적으로 서로 관련되어 있을 뿐만 아니라 이들 두 가지 요청으로부터 게이지장의 방정식이 정해져 버리는 것이 매우 중요한 점이다. 그런 의미에서 본다면 전하의 보존을 요구하면 맥스웰의 것 이외의 이론은 만들 수가 없다고까지 할 수 있다. 그러나 게이지장 속에는 전자기장과 같은 '아벨적(可換的)'인 것(아벨장)과 그 이외의 '비아벨적(非可換的)'인 것(비아벨장)의 두 가지가 있다. 양-밀스 장은 후자이지만 먼저 중력장을 예로 들어 설명하는 편이 알기 쉬울 것이다. 아벨장에서는 장의 원천인 전하로부터 생긴 힘의 장 자체가 전하를 띠면서 다시 장의 원천이 되는 일은 없다. 그러나 아인슈타인의 중력장 이론의 근본적 요청은 (에너지)=(질량)이므로, 즉 모든 형태의 에너지가 중력장의 원천이 될 수 있다는 점이다.

지금 한 천체가 그 둘레에 중력장을 만들었다고 한다면 그 세기는 그 천체의 질량에 비례한다. 그러나 중력장 자신은 공간의 각 점에 퍼텐셜에너지를 부여하기 때문에 각 점이 또다시

중력장의 원천이 된다. 이런 식으로 이런 과정이 무한히 반복
되어야 한다. 그 결과가 아인슈타인의 장의 방정식으로서 맥스
웰의 방정식이 선형(線型)인 데 대하여 이 방정식은 비선형이다.
즉 두 천체가 만드는 중력장은 개개 천체의 한 장의 합이 되지
않는다. 그러나 실제 문제로서 그 효과가 거의 나타나지 않는
이유는 중력장의 퍼텐셜에너지가 천체의 질량에 비해 매우 작
기 때문이다.

색역학

다음으로 양-밀스적인 장으로 옮겨 가자. 색깔을 양자수로
하는 양-밀스 장의 이론을 크로모다이나믹스(Chromodynamics)
라고 한다. 직역하면 '색의 역학(色力學)'이다. 색깔은 가정에 의
하여 세 종류—적, 녹, 청—이고 색깔을 가진 쿼크 사이에는 강
한 힘이 작용하지만 색깔이 전체적으로 포화(飽和)되어 백색이
된 시스템은 활기를 상실한 하드론이라고 하는 것이 최초의 구
상이었다. 이것을 실현시키려면 어떻게 하면 될까?

단순히 세 색깔에다 상이한 '전하' a, b, c를 배분하는 것만
으로는 안 된다. 백색=중성, 즉

$$a + b + c = 0$$

이 요구되는데 이것으로는 3개가 동등해지지 않는다. 이것을
피하기 위해서는 삼원색의 혼합을 나타낼 때와 같이 평면 위에
정삼각형을 그리고 그 꼭짓점이 원색에 해당하는 것이라고 하
는 방법도 생각할 수 있으나, 양자역학적으로는 그래도 만족스
럽지 못하다. 그것은 3색의 쿼크를 파동으로서 혼합하는 데에

194

대한 대칭성, 즉 색깔의 SU_3 대칭성을 실현시켜야 하기 때문이며 그러기 위해서는 빨강 쿼크가 파랑으로 바뀌는 따위의 과정도 허용해야 한다.

그 결과로서 8종류의 게이지장이 필요하게 된다. 이들 장은 그 자체가 복합색(複合色)을 가지고 있으며 8가지가 있는 것은 향기의 SU_3(u, d, s쿼크)의 경우에 '팔정도설(八正道說)'이 성립되었던 것과 같은 이유에서인데 이것을 다시 한 번 설명해 보기로 하자.

쿼크를 결합시켜주는 풀─글루온

색의 게이지장의 양자는 글루온(Gluon)이라 불린다. 색의 장은 쿼크를 결합시켜주는 풀(Glue)이라고 생각되기 때문인데 이것을 색자(色子)라든가 호자(湖子)라는 식으로 번역하는 것은 알맞지 않으므로 그대로 글루온이라 부르기로 한다.

지금 쿼크가 글루온 1개를 방출하는 과정을 생각해 보기로 하자. 그 결과 빨강(R) 쿼크가 파랑(B)으로 바뀌었다고 하면 글루온은 쿼크로부터 빨강을 빼앗고 다른 쿼크에 파랑을 주었다. 또는 빨강(R)과 반파랑(反靑, $\overline{B}$)을 동시에 가져가 버렸다고 생각할 수 있다. 즉 이 글루온은 $R\overline{B}$의 복합색을 가진 셈이다. 일반적으로 q_i가 q_j로 될 때 방출되는 글루온 G_{ij}는 마치 q_i와 q_j의 복합 상태인

$$G_{ij} \sim q_i \, \overline{q_j}$$

처럼 행동한다(그림 16-1). 이와 같은 조합의 수는 $3\times3=9$인데 9종류의 글루온 중 그 특별한 중첩(重疊)

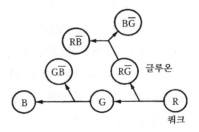

〈그림 16-1〉 쿼크의 색깔과 글루온

$$G_w \sim q_R \overline{q_R} + q_G \overline{q_G} + q_B \overline{q_B} = 0$$

은 백색인 상태에 해당한다. 그러나 백색 상태에는 풀이 들어 먹지 않는다는 것을 처음부터 요청했기 때문에 $G_w=0$으로 두어 야 한다. 따라서 독립적인 글루온의 종류는 8개가 된다.

글루온 자체가 색깔을 가지고 있으므로 글루온이 다시 글루 온을 방출하는 과정이 존재한다는 것은 금방 알 수 있을 것이 다. 〈그림 16-1〉에 보인 것이 그것이다. 이 사정은 중력장의 경우와 비슷하여 색의 게이지장이 비아벨적이 되게 하는 까닭 이다. 비아벨적이란 본래 '비가환'을 뜻한다. 이를테면 q_R이 글 루온 $q_{R\overline{G}}$, $q_{G\overline{B}}$를 연달아 방출하면 q_G를 거쳐서 q_B로 바뀌지만 그 순서를 역으로 한 과정은 일어날 수 없다. 이것이 즉 비가 환성(非可換性)이다.

전자기장의 경우 단위 전하 e에 대응시켜서 쿼크가 갖는 색 깔의 강도를 나타내는 단위로 g를 쓴다. g는 색깔의 종류에는 의하지 않는 양이다. 두 전자 사이에 광자가 교환되어 발생하는 전자기력이 e^2에 비례하듯이 두 쿼크 사이에 글루온 1개가 교 환되면 g^2에 비례하는 힘이 생길 것이다. 그러나 방출하는 글루

온의 종류에 따라 쿼크는 그 색깔을 바꾸거나 교환하거나 하는
등 여러 가지 가능성을 만들어낸다. 게다가 글루온이 또 다른
글루온을 낳거나 1개 이상의 글루온을 교환하거나 하는 가능성
등을 고려한다면 g^4, g^6……에 비례하는 힘도 나오게 된다.

전자기력에서는 $e^2/\hbar c$가 작기 때문에 e^2에 비례하는 쿨롱
힘만으로 웬만한 이야기가 처리될 수 있었지만 글루온의 경우
에는 모의 값이 훨씬 크다는 것을 예상해야 하므로 사태가 그
리 간단하지는 않다. 다만 그 전체로서 백색이 되는 상태에서
는 구성 분자인 쿼크나 반쿼크 사이에 인력이 작용하여 안정해
지는 경향이 있다는 것도 사실이다.

점근적 자유성

QCD(Quantum Chromodynamics)란 색(色) 게이지장의 양자
론을 뜻한다. QED(양자전자역학)의 경우와 비교할 때 전자를 쿼
크로, 광자를 글루온으로 치환한 것이라고 생각하면 된다. 그러
나 과연 이것만으로 강한 상호작용을 만족스럽게 설명할 수 있
을까? 첫째로 하드론 속에서 글루온이 빛처럼 복사(輻射)되는
현상이 존재하지 않지 않는가? 백색 상태가 안정해지는 경향을
가졌다고 말하는 정도로는 납득이 가질 않을 것이다.

1973년경에 새로운 이론적 진보가 이루어졌다. 그것은 QCD
가 갖는 점근적 자유성(漸近的自由性: Asymptotic Freedom)이라는
불가사의한 성질의 발견이었다. 네덜란드의 엇호프트(tHooft),
미국의 그로스(Gross)와 윌첵(Wilczek) 그리고 폴리처(Politzer)
가 제각기 독립적으로 제창한 이론인데 이들은 모두가 아직 학
생이거나 학위를 갓 딴 신진기예의 사람들이었다.

쿼크는 갇힌 것?

점근적 자유성은 일반적으로 비아벨장(양-밀스 장) 양자론의
커다란 특징이라고 생각해도 된다. 15장에서 이미 설명한 바와
같이 QED의 경우에는 알몸의 점전하 주위에 전자쌍의 구름이
생겨 본래의 전하를 차폐하는 경향이 있기 때문에 알몸인 전하
는 알짜 전하보다 커지지만 비아벨장에서는 이 경향이 반대가
된다. 즉 장이 또다시 장을 만들어 낸다는 특질에 의하여 알몸
인 '전하' 둘레에 같은 부호의 전하가 달라붙게 된다. 그래서
멀리서 볼수록 알짜 전하량이 불어난다. 바꿔 말하면 전하의
핵심을 캐내려고 구름을 헤치고 접근하면 전하의 실체가 점점
흐릿해져서 마침내는 유령처럼 사라져 버리게 된다. 또는 이
말을 에너지로 고쳐서 표현한다면 에너지를 올려가서 단거리에
서의 힘을 조사하려 하면 쿨롱 힘의 경우보다 점점 약해져 버

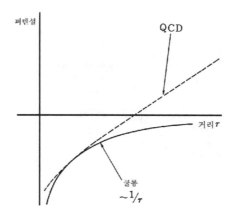

〈그림 16-2〉 쿼크 사이의 퍼텐셜

린다. 이것이 점근적 자유의 뜻이다.

　이와 같은 기묘한 일은 '재규격화 이론'에서 연유되는 수학적 귀결이지만 직관적으로는 이해하기가 힘들다. 위에서 말한 젊은 사람들이 일부러 이것을 계산해 보기 전까지 아무도 예기치 못했던 것도 무리가 아니었다(하기는 양-밀스 장에 '재규격화'를 적용한다는 그 자체에 수학적 곤란이 있었으며, 그것이 해결되기까지 상당한 세월이 걸렸던 것도 사실이기는 하지만).

　이번에는 QCD로 되돌아가 점근적 자유성의 의의를 검토해 보자. 쿼크의 색깔이 만드는 힘의 장이 처음에는 쿨롱적이라고 생각했었지만 지금 말한 것과 같이 색깔의 세기가 거리와 더불어 변화하여 근거리(고에너지)에서는 약하고 원거리(저에너지)에서는 강해진다. 이것은 쿼크의 성질을 설명하는 데 있어서 무척 편리한 경향이라고 해야 한다. 즉 고에너지 현상에서 쿼크는 자유파톤처럼 행동하고 저에너지에 있어서는 반대로 상호작용이 매우 커질 수 있게 된다.

만약 쿼크 사이의 퍼텐셜이 〈그림 16-2〉와 같다면 끈 모형과 그 성격이 같아지게 되고 쿼크는 갇혀 버리고 만다. 두 쿼크를 갑자기 떼놓으려 하면 처음에는 그다지 저항이 없으나 점차 풀의 효과가 발생하여, 풀의 끈이 끊어지지 않는 한 어느 정도 이상으로는 떼놓을 수가 없게 된다. 글루온 자체에 대해서도 같은 말을 할 수 있다. 글루온도 색깔을 가지고 있으므로 단독으로는 존재할 수 없지만 몇 개가 모여서 백색 글루볼(Gluball)을 만들지도 모른다. 이 볼은 정수스핀을 가지므로 중간자와 비슷한 성질의 것이지만 향기도 없고 좀처럼 포착하기 어렵다. 그것이 존재한다는 증거가 아직껏 없는 것은 그 때문일지 모른다.

QCD는 이런 사정으로 인해 쿼크역학 기초 이론의 유력한 후보자로 보이게 되었으나 그렇다고 문제가 아직 해결된 것은 아니다. 현재로서 정밀한 예언이 가능한 것은 점근적 자유가 성립되는 고에너지 현상에 관한 것뿐이다. 실제의 에너지는 무한대가 될 수 없으므로 쿼크는 완전히 자유일 수는 없겠지만 그것으로부터의 보정(補正)은 계산될 수 있다. 이것은 이를테면 스케일링 법칙으로부터의 차이로 관측되고, 이론치와도 대체로 일치하고 있다.

여기서 약간 흥미로운 사실을 하나 덧붙여 두겠다. QCD의 점근적 자유성은 글루온이 역차폐(逆遮蔽)의 성질을 가지기 때문이라고 말했는데, 장의 원천 둘레에 생기는 것은 글루온의 구름뿐이 아니고 쿼크쌍의 구름도 있다. 이 쿼크쌍의 구름은 QED에서의 전자쌍과 마찬가지로 보통의 차폐 작용을 하기 때

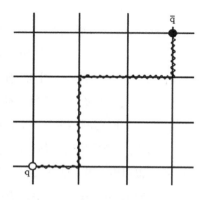

〈그림 16-3〉 월슨의 격자 이론

문에 쿼크의 향기가 16종 이상으로 불어나면 글루온 구름의 효과를 극복하여 점근적 자유성이 상실되고 만다. 현재 알려져 있는 쿼크의 종류는 5~6종이므로 아직은 안전하지만 실제로 자연은 이런 이유 때문에 쿼크의 수를 제한하고 있는 것은 아닐까?

월슨의 격자 이론

저에너지 현상으로 이야기를 되돌리자. 여기서 QCD의 첫 번째 문제는 쿼크의 밀폐가 일어나느냐 어떠냐, 만약 일어난다면 그 정확한 메커니즘이 무엇이냐 하는 문제이다. 그러나 결합상수가 커지기 때문에 수학적인 취급이 어렵게 되어 정말로 만족할 만한 방법은 아직껏 발견되지 않았다. 그러나 모형으로서 끈이나 주머니가 실제로 성공하고 있는 점에 비추어 보면 일반적으로 이 모형들을 QCD의 입장에서 해석하려는 노력이 진행되고 있다. 월슨(Wilson)의 격자 이론(格子理論)이라는 것도 이런 이론의 한 유력한 예로 잠깐 소개해 보기로 하겠다.

격자 이론이란 시간, 공간을 연속체가 아니고 결정(結晶)과 같이 띄엄띄엄 떨어져 있는 점의 집합이라고 생각하는 근사법(近似法)이다. 윌슨의 가정에 의하면 쿼크는 이들 격자점(格子點) 중의 어느 하나에 주저앉아 있고 게이지장의 역선(力線)이 한 격자점에서 이웃 격자점으로의 교량 구실을 한다. 이를테면 〈그림 16-3〉과 같이 쿼크 q와 반쿼크 $\bar{q}$를 배치해 놓았다면 둘은 역선의 끈에 의해 연결되고 그 에너지의 크기는 끈의 길이에 비례한다. 끈을 연결하는 방법은 무수히 있으며 양자역학적으로는 이들의 연결 방법에 대하여 일종의 평균을 취해야 하지만 결국 $q\bar{q}$ 사이의 거리가 커지면 그 거리에 비례하는 에너지가 발생한다고 하는 끈 모형의 결과가 얻어지게 되어 있다.

17장
대칭성의 자연 파탄

대칭성이란 무엇인가?

물리법칙 가운데서 대칭성의 원리가 중요한 역할을 한다는 것은 잘 알려진 일이다. 또 이 책에서도 대칭성에 관해서는 지금까지 여러 번 언급해 왔다. 하나의 대칭성〔또는 불변성(不變性)〕이 있으면 그것에 수반하여 하나의 보존법칙이 생긴다. 시공간의 평행이동에 대한 불변성부터 에너지와 운동량의 보존법칙이 생기고, 방향에 관한 대칭성으로부터 각운동의 보존법칙이 생긴다. 공간축의 반전, 입자와 반입자 사이의 바꿔치기로부터는 각각 P와 C의 보존이 따른다. u와 d쿼크 사이의 근사적 대칭성으로부터 아이소스핀의 근사적 보존이 뒤따른다는 것 등등이다.

그렇다면 도대체 대칭성이란 무엇인가? 일반적으로 몇 가지의 서로 다른 상태가 존재할 수 있을 때, 물리법칙상으로는 그어느 것도 동등해서 본질적인 구별이 불가능할 때 이들 상태는 서로 대칭적이라 말해도 될 것이다. 즉 물리법칙은 한 가지 상태를 다른 동등한 상태로 바꿔놓는 대칭조작(對稱操作)에 대해서 불변하다는 것이다.

이때 동등한 상태끼리, 이를테면 A와 A′를 상대적으로 식별해 둘 필요가 있다. 그러기 위해서는 A로부터 A′로 옮겨가는 조작을 적당한 방법으로 표현하면 되며, 이때 사용되는 물리량이 보존량 또는 양자수에 해당하는 것이다.

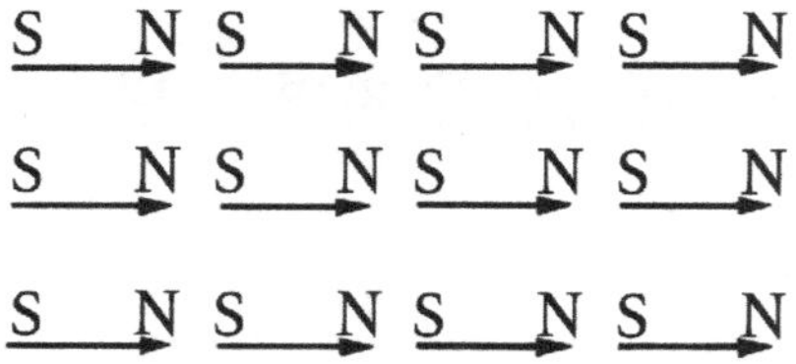

S→ N S→ N S→ N S→ N

S→ N S→ N S→ N S→ N

S→ N S→ N S→ N S→ N

〈그림 17-1〉 강자성. 원자자석의 방향이 모두 가지런해진다

　만약 물리법칙이 어떤 대칭성을 가진다면, 임의의 상태 A가 존재한다면 이 상태로부터 대칭조작에 의해 옮아갈 수 있는 모든 동등한 상태도 역시 그 존재가 가능해야만 한다. 이를테면 테이블 중앙에 사과가 위를 향한 채 놓여 있을 수 있다면 그것을 아래쪽으로 향하게 한 상태나, 다른 장소로 이동시킨 상태도 원칙적으로는 가능하여야 하며 이 때문에 사과의 성질이 바뀐다고 생각할 수는 없다.

　그러나 상태 중에는 대칭조작으로 불변한 것, 즉 자기 자신만으로도 여러 상태의 조를 이루는 것이 있어도 된다. 수학적인 구(球)는 그 중심 둘레의 회전에 대해서는 불변하기 때문에 방향이 다른 구라는 따위의 말은 무의미하지만 다른 장소에다 놓아둔다면 쉽게 구별이 된다. 또 완전한 진공, 즉 물질이 전연 없는 시공간(時空間)은 어떠한 대칭조작을 해주더라도 바뀌지 않는다고 생각된다[등방등질성(等方等質性), '8장. 대칭성이란?' 참조]. 그러므로 진공은 오직 단 하나밖에 없고 그 속에 물질을 채워넣음으로써 비로소 다양성이 생기는 동시에 에너지도 높아진다.

　장의 양자론에서는 우주 전체의 상태를 지정하려 할 때 이와 같은 고찰이 바탕이 된다. 즉 진공이란 에너지가 최저이고 또

모든 대칭조작에 대하여 불변한 유일한 상태라고 가정되는 것
이다. 물론 우주 전체가 아니더라도 충분히 높은 진공 상태로
서 외부로부터의 영향이 무시될 수만 있다면 사실상 위에서와
같은 정의가 적용될 것이다.

대칭성의 자발적인 파탄

그러나 위의 가정은 어디까지나 가정일 뿐 자명한 것은 아니
다. 그것을 보여주는 데에 자주 인용되는 예이지만 강자성체(强
磁性體)의 매질을 생각해 보자. 강자성체란 철이나 니켈과 같이
영구자석을 만들 수 있는 물질이다. 이들이 강자성체가 되는
원인은 개개 원자가 그 속에 들어 있는 전자의 스핀에 의하여
작은 자석이 되는데, 이때 서로 이웃하는 원자의 방향 사이에
상관이 있어서 같은 방향을 향하는 쪽이 에너지가 가장 낮아지
도록 되어 있다. 따라서 원자자석(原子磁石) 전부의 방향이 가지
런해져서 거시적(巨視的)인 자석이 된 상태가 가장 안정한 기저
상태(基底狀態)가 된다. 그러나 실제에 있어서 어느 방향을 선택
하느냐는 것은 임의이다. 적어도 문제를 이상화(理想化)시켜 그
렇게 생각해도 된다. 즉 이 매질은 모든 원자의 방향을 한결같
게 회전시키는 것에 관해서는 불변하며 바닥 상태는 방향의 수
만큼이나 무수히 존재하는 것이 된다.

자석이 유한한 크기라고 한다면 이것은 별문제를 일으키지
않는다. 한쪽 방향을 향한 자석이 있으면 방향만이 다른 동일
한 자석도 원리적으로 만들 수 있고, 양쪽을 공존시킬 수도 있
다. 그러나 자석이 무한히 퍼져 있다면 어떻게 될까? 우리는
늘 한 자석 속에서만 살아야 하고 그 기저 상태는 어느 한쪽

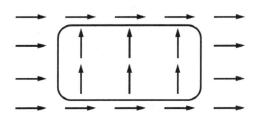

〈그림 17-2〉 자발적인 파탄. 국소적인 질서의 교란만이 관측될 수 있다

방향만을 취해야 한다.

이와 같은 경우 다른 쪽 방향을 향한 바닥 상태로 옮겨 가는 데는 에너지가 조금도 필요치 않는데도 불구하고 그것을 실행할 방법이 없다. 왜냐하면 그러기 위해서는 무한히 퍼진 매질 속의 모든 원자를 일제히 회전시켜야만 하는데 유한한 크기의 장치로서는 이것이 불가능하기 때문이다. 우리가 고작 할 수 있는 것은 매질의 오직 일부분만 방향을 바꾸는 것이다. 그러나 그렇게 하면 매질에 변형(變形)이 생겨 이미 바닥 상태가 아니게 된다. 즉 우리는 하나의 특정 방향을 갖는 세계 속에서 살며 그 국소적인 질서의 교란만을 물리현상으로서 관측할 수 있는 것이다. 이와 같은 관측자에게 있어서는 대칭성이란 자명한 것이 될 수가 없다.

위의 현상은 대칭성의 자발적인 파탄이라고 불린다. 지금의 예로부터 알 수 있듯이 자발적인 파탄이 일어나기 위해서는 사실상 무한대의 자유도(自由度)가 필요하다. 그렇게 말하다 보면 일상적인 물리현상에도 이런 예는 얼마든지 있다. 그러나 이 사실이 일반원리로서 의식되기 시작한 것은 이것을 소립자론에다 응용한 난부(南部)-이오나라시니오(NJL)의 이론(초전도 모형)

자발적인 파탄—살람의 비유

이후부터의 일이다.

살람(Salam)이 사용한 인간적인 비유를 여기에 소개하겠다. 연회가 벌어지고 커다란 원탁 주위에 많은 손님이 빽빽하게 앉아 있다. 각자 앞에는 접시, 나이프, 포크, 냅킨 따위의 세트가 질서정연하게 놓여 있는데, 이웃 자리와의 간격이 좁아서 어느 쪽 냅킨이 자기 몫인지 분간하기 어려울 만큼 좌우대칭이다. 실제는 어느 쪽 것을 취한들 상관없을 터이지만 누군가 한 사람이 오른쪽 냅킨을 집었다면 다른 손님들도 그것을 좇아 일제히 오른쪽 냅킨을 집어 들게 되고 그 순간에 대칭성이 자발적으로 깨뜨려지고 마는 것이다.

자발적인 파탄의 흔적—NG파

대칭성이 자발적으로 상실된 것과 처음부터 전혀 없었던 것은 동등하지 않다. 자석의 예에서 대칭성은 자석의 방향의 연속성과 무한한 다양성에 관해서였고, 연회의 예에서는 오른쪽과 왼쪽이라는 두 개의 유한하고 불연속적인 가능성에 관한 것이었지만, 자석에서와 같은 연속 대칭성인 경우에는 그것이 깨뜨려진 뒤에도 흔적이 남게 된다.

위에서 말했듯이 자석 속에 들어 있는 모든 원자의 방향을 일제히 비트는 조작은 곤란하나, 유한한 영역 내에서 한다면 그 영역의 크기의 파장을 갖는 비틀림의 파동(스핀파)을 발생할 것이다. 그러나 파장을 무한히 크게 한 극한을 생각하면 처음에 가정했던 대칭 조작으로 귀착되기 때문에 에너지는 제로에 접근할 것이다. 이것은 빛이나 소리(音)가 갖는 성질과 같으며, 그 파동의 양자에는 질량이 없다는 특징을 가리킨다. 바꿔 말하면 얼마든지 작은 에너지의 양자가 존재하게 되는 이치이며 이것이 즉 깨져버린 대칭성의 흔적인 것이다.

일반적으로 이와 같은 파동은 난부-골드스톤(Goldstone)(NG) 파라고 불리는데, 실제로 고체 속을 전파(傳播)하는 탄성파(彈性波)가 그 한 예로, 고체가 평행이동에 관해 대칭성을 깨뜨리고 있기 때문이라고 생각해도 된다. 하나의 원자가 공간 어디에 놓여 있더라도 원리적으로는 상관이 없을 터이지만 결정 속에서는 최초의 원자가 한 점을 선택하면 나머지 원자들은 그 점에서부터 등간격으로 배열해야 한다. 이것을 굳이 교란하려 하면 탄성파가 생기는 것이다.

초전도는 대칭성의 파탄

초전도(超傳導)라고 하는 현상은 어느 온도 이하에서 물질의 전기저항이 완전히 제로가 되고 또 자기장을 바깥으로 튕겨낸다는 현상으로서 극저온에서 이 성질을 보이는 물질이 많이 알려져 있다. 초전도가 일어나는 메커니즘을 이론적으로 설명하는 데 성공한 사람은 바딘(Bardeen), 쿠퍼(Cooper), 슈리퍼(Schrieffer)(미국 일리노이대학) 세 사람으로서 그들의 이론은 통상 BCS 이론이라고 불린다.

초전도는 대칭성의 파탄이 게이지불변성(전하의 보존)이라는 추상적인 것에 관해서 일어난 경우로서 주목해야 할 일일 뿐더러 소립자론의 모형이 된다는 의미에서도 실로 중요한 것이다.

BCS 이론을 소개하는 것은 이 책의 목적이 아니다. 여기서는 우리에게 필요한 요점만을 설명하기로 한다. 전기전도는 매질 속에서 전자의 일부가 자유로이 유동할 수 있을 때에 일어나는 것이지만, 초전도의 경우에는 전자의 스핀이 상향인 것과 하향인 것이 쌍(쿠퍼쌍이라 부름)을 이루어 매질 안에서 응축한다고 생각된다. 쌍의 수는 일정하지 않으며 한 장소로부터 다른 장소로 흘러가도 그 상태가 교란되지 않기 때문에 초전도가 일어난다고 생각된다.

그 대신 쌍을 깨뜨려 버리기 위해서는 어느 최솟값 E_0 이상의 에너지가 필요하며 그 결과로 생긴 전자는 마치 $E_0/2$의 정지질량을 갖는 입자처럼 행동한다. 이 질량은 전자의 본래 질량과는 별개의 것이며 초전도체 안에서만 추가되는 여분의 질량이다.

이런 사실은 매우 많은 시사를 던져준다. 만약 일종의 초전도체가 우주 전체에 퍼져 있고 우리가 늘 그 속에서 살고 있다고 가정한다면 어떻게 될까? 본래의 진공은 관측될 수가 없으므로 이 매질의 바닥 상태가 사실상의 진공이 된다. 본래의 진

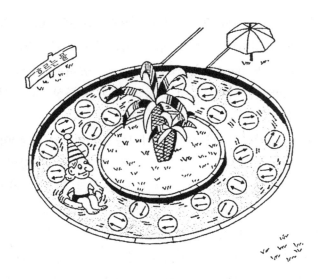

쿠퍼쌍 액은 자유로이 흐른다

공에서 질량이 제로였던 입자(이를테면 중성미자와 같은 것)도 실제의 세계에서는 질량을 가질 수 있을 것이다. 전자나 쿼크의 질량은 이렇게 하여 생긴 것이 아닐까?

이 유사성을 최초로 추궁한 것이 난부-이오나라시니오(NJL)의 초전도 모형인데 이것을 설명하기 전에 먼저 대칭성의 파탄과의 관계를 분명히 해둬야 한다.

BCS 이론에서 깨뜨려진 대칭성이란 전하의 보존에 관한 것이다. 왜냐하면 매질 속에서의 쿠퍼쌍의 수가 일정하지 않고 따라서 전하가 다소 트릿하게 되어 있기 때문이다. 그러나 이 트릿해지는 도수는 결코 무질서한 것이 아니고 엄격한 질서가 있다. 이 질서를 가정하는 데에는 한 가지 파라미터를 사용하는데 이 파라미터는 강자성체의 경우 스핀 방향에 해당하며 어느 정도의 임의성을 가진다.

쿼크 질량의 유래—NJL 모형

이제 다시 소립자의 문제로 되돌아가자.

NJL 모형은 쿼크 이론 이전의 이론이므로 바리온을 초전도체 속의 전자로 간주하고 그 질량의 기원을 역학적으로 생각한 것인데, 현대의 기본 입자에다 적용하면 렙톤이나 쿼크의 질량도 마찬가지 방법으로 다룰 수 있다. 다만 여기서 문제가 되는 대칭성은 전하에 관한 것은 아니고 카이랄(Chiral) 대칭성이라고 불리는 대칭성이다.

카이랄이란 오른손잡이와 왼손잡이 사이의 구별을 뜻한다. '8장. 패리티의 비보존' 중반부에서 중성미자에 스핀이 좌회전인 것(운동 방향에 대하여)과 우회전인 것의 두 종류가 있다고 말했는데 이 둘은 각각 카이랄리티 ±1을 갖는다고 불린다.

실제의 세계에서 중성미자 ν는 좌회전적이고 반중성미자 $\bar{\nu}$는 우회전적인 것밖에는 존재하지 않기 때문에 패리티 보존의 파탄이 일어난다는 것은 이미 설명한 바와 같다. 그러나 이것은 질량이 없는 중성미자의 특유한 사정이고 만약 질량이 있다면 좌우 양쪽의 성분이 존재해야 한다. 왜냐하면 질량을 가지는 입자는 광속도 이하로밖에 달려가지 못하기 때문이다. 어떤 입자의 스핀이 운동 방향으로 좌회전적이더라도 그것을 추월할 만한 운동 좌표계에서부터 본다면 운동 방향이 역전하여 우회전적으로 바꾸어 버리기 때문이다.

약한 상호작용의 기본적 성질은 V 마이너스 A(V-A) 이론이라고 불리는 이론에 의해 설명된다. 이 이론에 따르면 약한 상호

작용에는 일반적으로 입자의 좌회전적 성분과 반입자의 우회전적 성분만이 관여한다. 또 입자가 반입자로 바뀌는 일도 없으므로 전체 카이랄리티, 즉 왼손잡이 입자의 수—오른손잡이 입자의 수는 상호작용의 결과로 바뀌는 일이 없다. 그러나 중성미자 이외의 입자는 질량을 가지므로 그것들이 운동할 때에는 좌우가 뒤섞여 결국 카이랄리티의 보존이 깨져버리는 것이다.

이상으로 초전도체와의 유사성을 대체로 이해했을 것이다. 렙톤이나 쿼크는 본래 질량을 갖지 않지만 실제의 세계에서는 그 대칭성이 자발적으로 깨뜨려져서 질량이 있는 입자로서 나타나는 것이라고 생각하자는 것이다. 그러나 이것만으로는 어디까지나 하나의 가능성에 지나지 않는다. 달리 좀 더 이론적인 뒷받침이 요청된다. 다행하게도 NG파의 존재가 그것을 뒷받침해 준다.

BCS 이론과의 대비(對比)를 구체적으로 설명한다면 이 세계에는 입자와 반입자(이를테면 q와 $\bar{q}$)가 카이랄리티 제로인 쿠퍼쌍으로서 침전(沈澱)해 있다. 한 쌍을 깨버리면 질량이 있는 쿼

크와 반쿼크가 발생한다. 또 쌍의 분포를 조금 교란시키면 NG
파가 생기는데 이 NG파는 스핀이 제로이고 패리티가 마이너
스, 즉 n중간자 등과 동일한 성질을 가진다. π중간자의 질량이
다른 하드론에 비하여 특히 작은 것은 이것이 NG 양자적인 입
자이기 때문이 아닐까?

실제로 π중간자에는 세 종류가 있고, 더 무거운 K중간자와
η중간자도 같은 스핀과 패리티를 가진 입자들이다. 이것들을
한결같이 다루는 데는 카이랄 대칭성에다 쿼크의 향기 변화를
포함시켜야 된다. 또 이들 중간자의 질량이 완전히 제로가 아
닌 것은 자발적인 파탄만이 아닌 다른 요소가 있다고 생각해야
한다. 이 마지막 것이 있다는 것은 이 이론으로서는 약간 불유
쾌한 점으로서 아직껏 완전히는 해결되지 않고 있다. 그러나
카이랄 대칭성의 자발적 파탄은 하드론물리의 해석으로서 성공
하고 있을 뿐만 아니라 자발적 파탄의 개념은 나중에 설명하게
될 게이지장의 통일 이론(統一理論) 안에서 중요한 기본 개념으
로도 되어 있다.

18장
약한 상호작용의 기울어진 뼈대

신의 실수?

약한 상호작용은 좀처럼 정체를 파악하기 힘든 성질의 것이다. 그것은 단순히 결합상수가 작고 도달거리가 짧은 상호작용이기 때문인 것만은 아니다. 다른 상호작용—중력, 전자기력, 강한 힘—이 모두 게이지 이론의 틀 속에 들어가서 아름다운 대칭성 원리를 좇는 데 반하여, 약한 상호작용은 매우 불규칙하고 완전한 대칭성이라고는 무엇 하나 갖추지 않은 것 같이 보인다. 패리티(P)의 파탄, CP의 파탄, 스트레인지니스의 파탄 등은 이미 6~8장에서도 잠깐 언급해놓았지만, 실은 이것에만 그치는 것이 아니지 않느냐는 의심이 최근에 와서 더욱 강해지고 있다. 필자가 약한 힘의 문제를 생각할 때 늘 느끼는 점을 우선 여기서 피력해 두겠다.

신이 우주를 설계했을 때 중력, 전자기력, 강한 힘의 구성에 대해서는 공식(公式)에 따라 정확하게 도면을 그렸었다. 그러나 약한 힘을 설계했을 때는 계산의 착오에서였는지 자(尺)를 잘못 읽었는지 도면의 군데군데에 착오를 일으키고 말았다. 직선은 수직으로 교차하지 않고 사변형(四邊形)은 잘 닫히지 않는 등등이다. 그리고 약한 힘의 뼈대가 다른 세 힘의 틀에 대하여 약간 기울어져 있기까지 하다. 그러나 멀리서 보아서는 그다지 눈에 띄지 않기 때문에 신은 아마 그것을 그대로 사용하여 우주를 건설한 것이 아닐까?

약한 상호작용은 신의 실수?

　그러나 과학자는 만능의 신이 이와 같이 무책임하게 날림 설계를 했을 턱이 없을 것이라는 신념 아래 모든 현상의 설명을 찾아내려 한다. 뼈대가 기울어져 있는 것은 실수에 의한 실책이 아니고 그럴 만한 이유가 있기 때문이 아닐까 하고 말이다.
　이와 같은 노력은 과거 20여년 동안 꾸준히 계속되어 왔고 그 결과 약한 상호작용에 관한 우리의 이해가 크게 진보했다. 와인버그-살람의 이론에 의하여 약한 상호작용을 조직화하고 통일적으로 기술할 수 있게 되었다. 그리고 궁극적으로는 이 힘마저도 다른 상호작용과 마찬가지로 게이지장의 원리 위에 세워져 있는 해석이 가능해진 것이다. 그러나 이 이론적 발전을 더듬어 보기 전에 먼저 약한 상호작용의 기울어진 뼈대란 도대체 어떠한 것인가를 알아보기로 하자.

약한 상호작용이란?

　약한 상호작용이란 본래 원자핵의 β붕괴를 의미한 것이었는데 이미 배운 바와 같이 새로운 소립자에 대해서도 확장되어

그 종류가 많은 것으로 밝혀졌다. 이를테면

$$n \rightarrow p + \overline{\nu_e} + e \qquad \text{(가)}$$

$$\Lambda \rightarrow N + \pi \ (N = p, n) \qquad \text{(나)}$$

$$\Lambda \rightarrow p + \overline{\nu_e} + e \qquad \text{(다)}$$

$$K \rightarrow \pi + \pi \qquad \text{(라)}$$

$$K \rightarrow \pi + \pi + \pi \qquad \text{(마)}$$

$$K^- \rightarrow \mu + \overline{\nu_\mu} \qquad \text{(바)}$$

$$\pi^- \rightarrow \mu + \overline{\nu_\mu} \qquad \text{(사)}$$

$$\mu \rightarrow \nu_\mu + e + \overline{\nu_e} \qquad \text{(아)}$$

$$\mu + n \rightarrow p + \nu_\mu \qquad \text{(자)}$$

등 하드론만을 포함하는 반응, 렙톤만을 포함하는 반응, 하드론과 렙톤의 양쪽을 모두 포함한 반응 등 여러 가지로서, 이것들을 통일적으로 파악한다는 것은 여간 어려운 일이 아닐 것 같이 보인다. 그러나 이들 반응도 기본 입자인 쿼크와 렙톤의 수준으로 낮추어서 생각해 보면 상황이 매우 간단해진다. 이를테면 π^-중간자의 붕괴 (사)는

$$\pi^- = (d \, \overline{u}), \ d + \overline{u} \rightarrow \mu + \overline{\nu_\mu}$$

라고 생각된다. 중성자나 뮤온의 붕괴[(가), (아), (자)]도 이항(移項)을 하면

218

$$n + \overline{p} \rightarrow e + \overline{\nu}_e$$

$$\mu + \overline{\nu}_\mu \rightarrow e + \overline{\nu}_e$$

$$\mu + \overline{\nu}_\mu \rightarrow n + \overline{p}$$

가 되어 모두 같은 형이 된다. 더구나 n, p는 복합 입자 udd, uud이므로 n+$\overline{p}$ 반응은 n+$\overline{p}$=u+d+d+$\overline{u}$+$\overline{u}$+$\overline{d}$=d+$\overline{u}$가 되어 성분쿼크 d+$\overline{u}$에 대한 반응

$$d + \overline{u} \rightarrow e + \overline{\nu}_e , \ \mu + \overline{\nu}_\mu$$

로 귀착된다. 결국 약한 상호작용은 렙톤 또는 쿼크의 쌍 사이의 전환이라는 것이 된다(K→3π 등은 훨씬 더 복잡하나 강한 상호작용도 동시에 관여시키고 있다고 생각하면 된다). 이들 전환 사이에 무엇인가 보편성이 있어 보이는 것은 당연한데, 과연 그럴까?

약한 상호작용의 질서성

역사적으로 약한 상호작용의 이론은 1933년에 제창된 페르미 이론에서부터 비롯된다. 페르미의 β붕괴 이론에 의하면 중성자가 양성자로 바뀔 적에 전자와 반중성미자의 쌍이 발생하는데(앞 페이지), 이것은 접촉형의 상호작용, 즉 공간의 한 점에서 동시에 일어나는 반응이라고 생각된다.

상호작용을 특징지어주는 것은 그 세기(결합상수)와 방식〔벡터형, 스칼라(Scalar)형 등〕이다. 세기는 붕괴의 반응 속도(또는 수명)를 결정해주며, 방식은 발생하는 전자의 에너지 분포라든가 붕괴 때에 중성자의 스핀 방향이 바뀌느냐 어떠냐는 등등, 붕

괴 과정에 관한 상세한 점을 좌우해준다. 페르미는 벡터형을
가정하였는데 이것으로는 스핀의 방향이 바뀌는 일이 없고 실
제에 있어서도 사실과 맞지 않으므로 가모프(Gamow)와 텔러
(Teller)가 또 하나의 형식을 덧붙였다. 그리고 더 후에 가서 패
리티의 비보존이 발견되자 이른바 V-A형이 확립된 것은 1957
년의 일이었다. 벡터(V)와 의사벡터(A)의 두 혼합비가 거의 같
은 결합으로서 그 결합상수를 페르미 상수라고 부른다.

  V-A(V 마이너스 A) 이론을 모든 쿼크나 렙톤에 확장해나가는
것은 쉬운 일이다. 위에서 제시한 바와 같이 언제라도 기본 입
자를 쌍으로 하여 (e, ν_e), (μ, ν_μ), (u, d) 따위를 만들고 임의
의 두 쌍을 조합하면 된다. 뮤온 μ의 붕괴 (아)는 (μ, ν_μ)×(e,
ν_e)이고, 중성자 n의 붕괴 (가)는 (u, d)×(e, ν_e)이며, π중간자
π의 붕괴 (사)와 μ의 포획 (자)는 (u, d)×(μ, ν_e)에 의하여 이
루어진다. 모두가 동일한 결합상수(페르미 상수)를 갖는다고 가
정한다면 이들의 수명 사이에는 일정한 관계가 성립할 것이다.
π중간자의 수명은 계산이 곤란하지만 다른 3반응의 수명 사이
에는 이 보편적 관계가 엄연히 성립되어 있다.

  이것으로 약한 상호작용에도 질서가 있다는 것이 판명되었으
나 또 하나 곤란한 점이 남아 있다. 그것은 기묘 입자에 관한
것이다. 이를테면 람다 입자 Λ의 β붕괴 (다)는 (가)와 비슷하
나 이것은 쿼크 (u, s)의 조가 관여하는 것이라고 생각해야 한
다. 그러나 d쿼크는 이미 u쿼크와 짝을 지어 (u, d)의 쌍을 만
들고 있다. 더구나 (u, s)의 결합상수는 페르미 상수의 1/4 정
도밖에 안 된다는 것이다. 다른 기묘 입자 Σ(시그마), Ξ(크사
이), K중간자 등에 대해서도 같은 말을 할 수 있다.

참쿼크가 있을 터인데?

이 사실을 설명하기 위하여 카비보(Cabibbo, 로마대학)는 다음과 같은 교묘한 생각을 도입했다. 그것은 (u, d)와 (u, s)로 된 별개의 조합을 택하는 대신 (u, d′)라는 단일한 쌍을 취하자는 것이다. 다만 d′란 d와 S와의 혼합[이것을 카비보 혼합이라 한다. 즉 전하가 같고 다른 향기의, 종류가 다른 쿼크(의 파동)가 혼합된 상태]라고 하는 것이다. 이렇게 하면 낱낱의 (u, d), (u, s)의 전환 확률은 모두 표준보다는 작으나 d′의 대부분이 d이면 (u, d)의 과정의 세기는 거의 표준치와 다를 바 없게 되고 오직 (u, s)만이 눈에 띄게 작아진다.

d쿼크와 s쿼크의 혼합비율을 일단 정해버리면 다른 기묘 입자의 붕괴에도 한결같이 적용될 터이다. 그런데 실제로도 그렇게 되어 있다는 것이 확인되어 카비보의 이론은 성공을 거두었다. 그러나 어째서 d′와 같은 별난 혼합이 약한 상호작용에 나타나는 것일까? 본래 세 종류의 향기 (u, d, s)로 SU$_3$ 대칭성을 이루고 있었는데도 약한 상호작용에 대해서는 2개조를 만들어야 한다는 데에 무리가 있었던 것이 아닐까?

위와 같은 의문을 던진 사람은 일본의 마키(牧二郎)였다. 약한 상호작용의 입장에서 출발하면 (u, d′)조에 대항하여 (c, s′)라는 조가 있어야 마땅하다. 여기서 d′가 d쿼크와 s쿼크의 혼합이라고 한다면 s′는 그것에 '수직'인 혼합으로서 주로 s쿼크로부터 성립되어 있다. c는 새로운 제4의 쿼크로서, u쿼크와 마찬가지로 전하 2/3를 갖지만 질량이 훨씬 무겁기 때문에 (그 당시로서는) 아직껏 발견되지 않았다고 가정하자. 물론 이 c는 곧 현재의 참(Charm)쿼크이다. d쿼크, S쿼크와 d′, S′의 관계

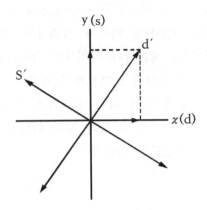

〈그림 18-1〉 편광과 쿼크

를 이해하는 데는 빛의 편광(偏光) 현상과 비교하는 것이 좋다.

〈그림 18-1〉에 보였듯이 직선편광은 늘 2개의 서로 직각인
x와 y의 성분으로 분해할 수 있다. 이 두 성분을 d쿼크와 s쿼
크로 간주한다면 d´는 그림 안에서 표시한 편광의 하나에 해당
하고 s´는 그것에 수직인 편광에 해당한다. 반대로 d쿼크와 s
쿼크를 d´와 s´의 방향으로 분해할 수도 있다. 다만 좌표축의
선택 방법이 다를 뿐이다.

약한 상호작용의 틀이 기울어져 있다고 이 장의 첫머리에서
말한 것은 바로 이 사실을 가리키는 말이었다. 강한 상호작용
에서 상이한 쿼크의 종류(향기)는 d, s의 틀에 따라 구별되었던
것에 반하여, 약한 상호작용 쪽은 d´, s´의 틀에 따르고 있다.

참쿼크 c의 존재를 예상했던 이론은 마키의 이론만이 아니었
지만 소립자의 수는 얼마든지 있어도 된다는 사카타의 지도원
리에 그 바탕이 두어져 있다는 점은 특기해야만 할 것이다. 그

후 글래쇼(Glashow), 일리오풀로스(Ilopoulos), 마이아니(Maiani)
의 세 사람(약칭 GIM)에 의하여 참쿼크는 이른바 중성커런트
(Current)의 문제를 해결하기 위해서도 필요하다는 것이 지적되
어 더욱 필연성이 강하게 느껴지게 되었다.

자세한 것은 뒤에 가서 다시 설명하겠으나, 보통의 β붕괴에
서 $u \leftarrow \rightarrow d'$, $e \leftarrow \rightarrow \nu$ 등과 같이 반드시 전하가 교환되는
데 반해서, 중성커런트란 이를테면

$$d + e \rightarrow d + e$$

와 같이 전하가 교환되지 않는 과정이며 약한 상호작용의 게이
지 이론으로부터 요구되는 것이다. 다만 위의 경우는 d쿼크의
붕괴로서는 나타나지 않으므로 관측이 곤란하나, $s \leftarrow \rightarrow d$, 즉

$$\Lambda \rightarrow n + e + \bar{e}$$

는 카비보의 이론에 따르면 $d' \leftarrow \rightarrow d'$ 안에 포함되기 때문에
보통의 $\Lambda \rightarrow p+e+\nu$ 와 같은 정도로 일어나도 될 것 같다. 그
러나 이런 과정을 실제로는 볼 수 없다.

그것은 $s \leftarrow \rightarrow d$가 $d' \leftarrow \rightarrow d'$ 말고도 $s' \leftarrow \rightarrow s'$ 속에도
포함되어 있어서, 양쪽이 상쇄하기 때문이라는 것이 위에서 든
GIM 이론이다.

카비보에서 비롯된 기울어진 틀이라는 생각은 고바야시(小林
誠), 마스카와(益川敏英)에 의하여 더욱 확장되었다. 지금까지는
(u, d), (c, s)의 두 쿼크 조뿐만으로 이론을 구성해 왔다. 그리
고 틀의 기울기는 d쿼크와 c쿼크의 혼합으로 나타났다. 하기는
d쿼크와 s쿼크 대신 u쿼크와 c쿼크를 혼합하여도 결과는 마찬
가지여서 d와 c를 쓴 것은 편의상의 문제에 지나지 않았다. 그

러나 쿼크 조가 셋으로 불어나면 사정이 달라진다.

제3의 조를 (t, b)라고 하자. 이번에는 d쿼크, s쿼크, b쿼크가 서로 혼합하여 d′, s′, b′가 될 수 있다. 3개조의 혼합은 2개조의 혼합보다 훨씬 자유도가 크고 그 때문에 CP도 보존되지 않게 될 가능성이 있다는 것을 고바야시와 마스카와는 지적했던 것이다. 즉 실제로 CP가 근소하게 깨뜨려지고 있는 것은 쿼크 조가 적어도 셋이 있기 때문이 아닐까 하고 말이다.

이들의 고찰이 모두 실제 참쿼크의 발견에 앞섰다는 것은 무척 놀라운 일이다. 고바야시-마스카와 이론은 최근에 이루어진 입실론 입자 γ의 발견으로 입증되었다고 해도 될 것이다.

왜 약한 상호작용의 틀이 다른 것에 비해서 기울어져 있느냐는 것은 아직 해결되지 못한 수수께끼이다. 그러나 만약 기울어짐이 없고 따라서 신의 설계가 완전했더라면 어땠을까를 상상해 보는 것도 흥미로운 일이다. 렙톤이나 쿼크는 (e, ν_e), (u, d), (μ, ν_μ), (c, s) 등등으로 쌍을 이루면서 나타나고 쌍 속에서는 전이(轉移)가 일어나지만 서로 상이한 쌍이 혼합하는 일은 없어질 것이다.

이들 렙톤 또는 쿼크의 쌍은 질량 이외의 점에서는 꼭 같아 보이고 또 앞으로 더 계속해서 도입될지도 모르므로 이것들을 구별하기 위해 세대(Generation)라는 말을 쓸 때도 있다. (e, ν), (u, d)가 제1세대이고 (μ, ν_ν), (c, s)가 제2세대라는 식으로 말이다. 만일 세대가 서로 섞이지 않는다면 이것은 하나의 보존량으로 간주된다. 이를테면 제2세대 중에서 c ← → s의 전환은 생겨도 s쿼크가 다시 제1세대의 u쿼크로 바뀔 수는 없다. 그러므로 Λ입자나 K중간자는 안정하게 되고 일반적으로

원자핵은 양성자, 중성자, Λ입자, K중간자 따위로부터 구성할
수 있게 되어 세계는 훨씬 달라졌을 것으로 생각된다.

19장
와인버그-살람의 통일 이론

유카와 중간자를 넘어서

전자기적 상호작용이 맥스웰의 이론으로부터 출발하는 양자
전자역학(QKD)으로 기술되고, 강한 상호작용이 색게이지장에
바탕하는 QCD로 기술된다고 한다면 약한 상호작용을 기술하
는 게이지 이론은 무엇일까?

이것에 대답하는 것이 와인버그-살람(WS)*의 이론이다.

---

* **글래쇼**(S. Glashow), **살람**(A. Salam), **와인버그**(S. Weinberg)

전자기력과 약력(弱力)의 통일 이론에 공헌한 업적으로 1979년 노벨상을
공동 수상했다. 글래쇼와 와인버그는 미국 하버드대학의 교수로 있었다.

글래쇼는 참, 쿼크의 존재를 예상한 GIM(글래쇼-일리오풀로스-마이아니) 이
론과 대통일(大統一) 이론의 선구가 된 조자이-글래쇼의 5이론 등에 의해서
도 잘 알려져 있다.

와인버그의 공헌은 소립자론에서부터 우주론에 걸쳐 지극히 광범하며 이
두 분야의 융합을 꾀한 공적이 크다. 『우주의 처음 3분간』 등의 저자로
잘 알려져 있다.

살람은 파키스탄 사람인데 오랫동안 영국 런던의 임페리얼 칼리지의 교수
로 있는 한편 이탈리아의 토리에스테 국제 이론물리센터를 설립하여 후진
국 연구자들의 후원에 힘써 왔다. 연구활동에 있어서도 지극히 적극적이어

앞 장에서는 페르미의 이론이 어떻게 모든 기본 입자에 대하여 잘 확장될 수 있었는가를 설명했는데, 접촉형의 이 상호작용(18장. '신의 실수?' 후반부 참조)은 모든 상호작용이 어떠한 장에 의하여 매개된다고 하는 유카와적 사고방식에서 본다면 부자연한 것이다. 실제로 유카와가 중간자 가설을 세웠을 때도 이것으로 β붕괴를 동시에 설명하려고 노력한 바 있다. 즉 붕괴는

I. $n \to p + Y^-$

II. $Y^- \to e + \bar{\nu}$

의 두 단계를 거치는 것이며, 핵력이 핵자 사이에서 중간자 Y를 교환함으로써 일어나는 것과 같이, β붕괴도 핵자와 렙톤 사이에서 중간자 Y를 교환하여 일어나는 것이라고 생각했던 것이다. 그러나 이 생각은 곧 곤란에 부딪쳐 버렸다. β붕괴의 보편성, 즉 중성자 n과 뮤온 μ의 붕괴의 결합상수가 같다고 하는 사실(18장. '약한 상호작용이란?' 참조)에 저촉된 것이었다.

유카와의 2단계 가설에서 첫 단계(I)는 핵력의 경우와 공통이고 강한 결합상수를 가지기 때문에 둘째 단계(II)가 약하다고 생각할 것이다. 그런데 렙톤인 μ의 붕괴일 경우 강한 힘이 작용하지 않으므로 어느 단계도 다 약하다고 해야 하기 때문에 보편성을 설명할 수가 없게 된다. 따라서 약한 상호작용을 매개하는 장이 있다고 하면 그것은 중간자와는 별개의 것이어야 하고, 렙톤과 하드론(또는 쿼크)의 구별 없이 어느 쪽에도 다 마찬가지로 약하게 결합하는 종류라는 결론에 도달하게 되는 것이다.

서 초대칭(Supersymmetry), 그 밖에 장(場)의 이론의 첨단에서 활약했다.

W보손

이 새로운 가설적인 장의 양자는 W보손(Boson) 또는 위콘 (Weakon)이라 불린다(W는 Weak라는 뜻). 핵력의 경우의 유카와 적 논리를 약한 상호작용에 적용했다고 생각하면 된다.

예컨대 중성자와 뮤온의 β붕괴 과정을 다시 한 번 도식화하 여 보자.

$$n \rightarrow p + W^- \quad (\text{또는 } d \rightarrow u + W)$$

$$\mu \rightarrow \nu_\mu + W^-$$

$$W^- \rightarrow e + \overline{\nu_e}$$

이항한 식도 아울러 생각한다면 W보손(과 그 반입자)은 전하 ± 1을 가진 보손이라는 결론이 내려진다.

W보손의 스핀이나 질량은 어떨까? 먼저 스핀 쪽인데 이쪽은 간단하다. β붕괴가 V-A형이기 위해서 W보손은 스핀 1을 가지 며, 렙톤이나 쿼크의 좌회전 성분(반입자에 대해서는 우회전)과 결합한다고 하면 된다.

역으로 말하면 W보손의 스핀이 1이고 모든 입자에 대해서 같은 세기로 결합하기 때문에 V-A의 보편적 상호작용이 생긴 다고 주장할 수 있다. 이것은 광자의 스핀이 1이고 전하의 값 이 보편적인 것에 맞먹으며 약한 힘도 게이지장이라는 것을 시 사하는 것이지만, 다른 점에서 W보손은 게이지장의 성질을 지 니고 있지 않다.

전자기력은 도달거리가 긴 힘으로서 그 양자(광자)의 질량이 제로인 데 반하여, 약한 힘의 도달거리는 극단적으로 짧아서

〈그림 19-1〉 CERN(세른)의 중성미자를 사용한 실험 장치

페르미 이론에서는 제로라고 가정되고 있다. 이것은 W보손의
질량을 무한대로 간주하는 것과 내용이 같다. 그러나 만약 도
달거리가 유한이라면, 페르미 상수는 W보손의 결합상수 g와
도달거리를 곱한 값의 제곱(또는 g와 질량 M의 역수를 곱한 값의
제곱)으로 표시된다. 그러므로 g와 M을 각각 따로 하여 페르미
상수로부터 결정할 수는 없다.

위의 관계는 상호작용에 관여하는 입자의 드 브로이 파장이
힘의 도달거리보다 훨씬 큰 저에너지 현상에만 적용되는 것으
로서, β붕괴는 이 경우에 속한다. 그러나 약한 상호작용을 고
에너지에서 일어나게 할 수도 있다.

그 적당한 예가 중성미자 반응

$$\nu_\mu + n \rightarrow \mu + p + \cdots\cdots$$

이며 고에너지의 중성미자빔을 표적에 충돌시켜서 나오는 뮤온 따위를 포획하는 실험이다. 이것은 전자와 양성자 사이의 전자 기적 산란과 닮아 있으며 지금의 경우는 광자 대신 W보손이 교환되는 셈이다.

페르미 이론에 따르면 위 반응의 단면적은 에너지에 비례해서 자꾸만 커지는데 만약 W보손의 질량이 유한(즉 약한 힘의 도달거리가 제로가 아닌)이라면 어딘가에서 한계점에 다다르게 될 것이다. 그러나 현재까지는 그러한 한계점에 다다르는 경향이 보이지 않으므로 W보손이 존재한다고 하더라도 유감스러우나 그 질량이 너무 커서 측정할 수가 없는 것이라고 해석해야 한다.

여담이지만 위의 중성미자 실험은 그리 손쉬운 것이 아니다. 단면적이 에너지와 더불어 커지는 것은 대형 가속기에서의 실험에서는 유리하나 그래도 강한 상호작용에 비하면 훨씬 작다.

중성미자빔을 만드는 데는 먼저 양성자빔을 표적에 충돌시켜 π중간자를 발생시킨다. 앞쪽 방향으로 나온, π 또는 K중간자의 붕괴에 의하여 생기는 중성미자를 거품상자 속을 통과시키게 하는데, 방해물이 되는 다른 입자들을 제거하여야 하고 π중간자의 수명도 에너지에 비례하여 늘어나서 좀처럼 붕괴해 주지 않는다. FERMILAB의 시설에서 중성미자빔은 수백 미터나 제방 속을 달린 후에야 겨우 측정기에 도달하게 된다.

전자기력과 약한 힘의 통일에로

그런데 W보손의 존재가 아직껏 실험에 걸려들지 않았다고 치더라도 이론적으로 그 질량을 예언할 수는 없을까? 위에서 지적한 바와 같이 약한 힘의 결합상수가 알려져 있다면 이것은

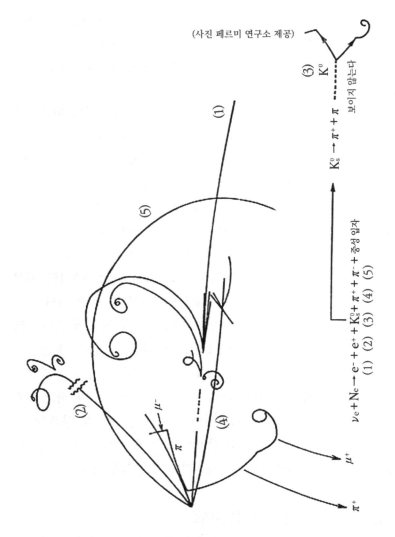

(사진 페르미 연구소 제공)

(3)
K⁰

Kₛ⁰ → π⁺ + π⁻

보이지 않는다

νₑ + Ne → e⁻ + e⁺ + Kₛ⁰ + π⁺ + π⁻ + 중성 입자
　　　　 (1)　(2)　(3)　(4)　(5)

μ⁻

π

(A)

(2)

(5)

(1)

μ⁺

π⁺

〈그림 19-2〉 중성미자를 충돌시킬 때 나오는 입자를 관찰한다. 이 경우
νₑ가 들어와서 참을 가진 하드론을 만들고 그것이 곧 붕
괴되어 K⁰를 생성한 것이라고 해석된다

가능하다. 그래서 이 결합상수가 전자기장의 결합상수(즉 단위전자)와 같은 것이라고 한다면 어찌 될까?

이런 생각이 머리에 떠오르는 건 자연스러운 일일 것이다. 전자기력과 약한 힘의 통일 이론은 바로 이러한 단순한 동기에서부터 출발했는데 물론 그 밖에도 여러 가지 이유를 들 수가 있다. 이를테면 약한 힘도 전자기력도 쿼크와 렙톤의 양쪽에 보편적으로 작용한다. 즉 강한 힘이 쿼크의 색깔에만 작용하는데 대하여 약한 힘은 쿼크와 렙톤의 향기 양자수에 작용하는 것이 공통적이다. 약한 힘이 전자기력과 비교하여 매우 약하고 성질이 전혀 다른 듯이 보이는 것은, 광자와 W보손의 질량 차이에 의한 것이 아닐까?

약한 힘의 결합상수가 전하의 크기와 같다고 가정한다면 W보손의 질량은 40GeV로 계산된다. 하드론의 질량이 1GeV 정도라는 점을 고려한다면 W보손은 매우 무거운 입자라고 해야 한다. 아직껏 발견되지 못한 것도 무리가 아닌 셈이다. 그러나 약한 힘은 패리티를 깨뜨리기도 하므로 간단히 전자기력과 같은 결합상수만으로는 기술할 수 없을지 모른다.

전약통일 이론(電弱統一理論)의 시도는 위의 노선에 따라 글래쇼, 살람과 그 밖의 여러 사람들에 의하여 일찍부터 행해지고 있었지만 아직 본격적인 게이지장의 이론이라고는 말할 수 없었다. 논리적으로 완비된 이론이 와인버그와 살람에 의하여 각각 독립적으로 제출된 것은 1967년이었고 이것이 오늘날 와인버그-살람(WS)의 이론으로 불리고 있는 이론이다.

광자와 W보손의 차이는 질량 차?

초전도 현상과의 대비

대칭성 파탄의 예로서는 17장에서 초전도 현상을 들었으나 WS 이론은 여러 가지 뜻에서 이것을 모형으로 삼고 있다. 이하 그 유사점을 살펴 가면서 설명해 보겠다.

절연체는 전기장이나 자기장에 대하여 '투명'하며, 장을 내부로 침입시켜 준다. 이것에 대하여 보통의 전도체는 자기장에 대해서는 투명하지만 전기장은 차폐해 버린다. 초전도체의 경우에는 게다가 자기장까지도 차폐된다[마이스너(Meissner) 효과]. 그러나 차폐라고는 하지만 매질이 들어가자마자 장이 제로가 되는 것은 아니고 표면의 엷은 층에만 어느 정도까지 침입할 수 있는 것이다.

투명과 차폐 사이의 성질 차이는 쿨롱의 힘과 유카와형 힘 사이의 차이와 같으며, 매질의 종류에 따라 장의 도달거리가 무한대가 되기도 하고 유한의 크기가 되기도 하는 것을 의미한다. 장이 침입할 수 있는 층의 두께가 즉 그 매질에 대한 도달거리가 된다. 그러므로 여기에 유카와 이론을 적용시키면 도달거리의 역수에 비례하는 질량을 가진 '입자'가 존재할 것이다.

즉 투명한 매질 속에서 광자는 질량이 없는 입자이지만 초전도체 속에서는 일정한 질량(정지에너지)을 갖는 입자로서 행동할 것이다. 이 입자를 플라스몬(Plasmon)이라 부른다. 만약 우리가 초전도체 속에서 살고 있다면 플라스몬의 교환에 의하여 생기는 전자기력은 유카와형의 힘으로서 나타날 것이다.

WS 이론은 전자기력과 약한 힘을 통일하려는 것이므로 실제적인 준비는 더욱 복잡하다. $W^{\pm}$보손과 광자 외에 Z^0라는 중성 보손이 도입되어 있어 후자는 약한 중성 과정, 즉 $\nu \to \nu$, $e \to e$ 등 전하가 변화하지 않는 과정을 일으킨다. 이를테면

$$\nu + p \to \nu + p, \ \bar{\nu} + p \to \bar{\nu} + p$$

등이다. 이와 같은 중성 과정이 실제로 존재하는지 어떤지는 그 자체가 매우 흥미로운 문제이므로 중성미자빔을 사용하는 실험이 유럽과 미국에서 집요하게 계속된 결과 그 존재가 확립되기에 이르렀다.

WS 이론으로 되돌아가자. 이 이론은 $SU_2 \times U_1$의 게이지 이론이라고도 일컬어지듯이 일반적으로 서로 상이한 결합상수를 갖는 비아벨적인 SU_2와 아벨적인 U_1인 게이지장의 조합으로 구성되고 있는데 그 의미를 알려면 렙톤이나 쿼크에 이 이론이

어떻게 적용되는가를 보면 된다.

(u, d)나 (ν, e) 등의 2개조는 '약한' 아이소스핀 1/2을 가지는 것으로 간주되며 이들의 성분 사이의 변환이 '약한' SU_2로 표시된다. 이에 반하여 U_1쪽은 쿼크와 렙톤 사이를 구별해주는 양자수라고 생각된다. SU_2의 게이지장은 '약한' 아이소스핀이 1이고 따라서 3개의 성분을 가진다. 한편 U_1의 게이지장은 '약한' 아이소스핀이 제로이다. 강한 아이소스핀에다 견준다면 이들 게이지장은 π중간자($\pi^\pm$, π^0)와 η^0중간자와 비슷한 것이 된다. $\pi^\pm$중간자가 $W^\pm$보손에, π^0중간자와 η^0중간자의 적당한 혼합이 Z^0와 γ에 대응한다(여기서 혼합이란 위에서 소개한 카비보 이론에서의 S쿼크와 d쿼크의 혼합—'18장. 참쿼크가 있을 터인데?' 참조—과 마찬가지의 뜻을 가진다).

4개의 게이지장의 성분을 전자기장 γ와 약한 장 $W^\pm$, Z^0으로 나누고, 후자에다 질량을 부여해주기 위해서는 이 세계가 상당히 복잡한 '초전도체'라고 생각해야 한다. 그 세밀한 수학적 전개는 생략하겠으나, WS 이론에서는 힉스(Higgs) 장이라 불리는 것이 초전도체를 대표하게 된다[이 방법은 실제의 초전도체에 대해 러시아(구소련)의 유명한 이론물리학자 란다우(Landau)가 도입한 것과 동일하다]. 힉스 장과 약한 장은 물과 기름 같은 사이여서 혼합되지 않는다. 이것이 즉 마이스너 효과에 해당한다.

WS 이론이 나온 것은 1967년이었다. 그것이 금방 인정을 받지 못했던 이유는 중성 과정이 아직 검증되지 않았던 탓도 있었으나, 또 하나는 이 이론이 '재규격화 이론'의 틀에 들어가느냐 아니냐가 의문이었기 때문이기도 하였다. 만약 '재규격화'가 불가능하다면 본격적인 이론이라고는 말할 수가 없다. 그러나 1973년 네덜란드의 엇호프트(tHooft)가 '재규격화'의 가능성을 증명하고 나서 비로소 WS 이론은 전자역학과 어깨를 겨눌 수 있는 자격을 가진 것으로 간주된 것이다.

WS 이론은 현재 알려져 있는 현상에 대해서는 성공을 거두었지만 진정한 검증을 하려면 게이지장의 양자 $W^{\pm}$, Z^0, 힉스장의 양자 H 등을 실제로 발견해 내야 할 것이다.

$W^{\pm}$와 Z^0의 질량은 동일하지가 않지만 그 모두 90Gev 전후라고 계산되고 있다. 이 값이 '19장. 전자기력과 약한 힘의 통일에로' 후반부의 소박한 어림과는 다른 것은, WS 이론이 2개의 결합상수를 가지며 그것들과 전하 사이의 관계가 약간 복잡하게 되어 있기 때문이다. 그러나 어쨌든 간에 이들 입자가 실험실에서 만들어지게 될 날도 그리 먼 장래의 일은 아닐 것이다.

20장
통일장의 이론

세 힘의 통일

와인버그-살람의 이론이 약한 상호작용에다 질서를 부여하고 이것을 '재규격화'가 가능한 게이지장 이론으로 높여서 전자역학과 동등한 지위로까지 끌어올려 준 것은 눈부신 성공이었다. 더군다나 이 이론은 전자기적인 힘과 약한 힘을 독립적이고 무관계한 것으로 간주하는 것이 아니라, 처음부터 같은 틀 안에서 밀접하게 얽힌 것으로서 다루고 있다.

결합상수를 예로 들어 보더라도 전자기장의 결합상수(전하)와 약한 장 W의 결합상수는 동일하지는 않더라도 거의 같은 크기의 값을 가지고 있다.

한편 강한 상호작용에 있어서도 이미 우리는 게이지장의 이론이 성립되고 있음을 알고 있다. 즉 QCD—색의 양자역학—가 그것이다. 그러나 색깔의 장인 글루온의 결합상수는 전자기장의 결합상수보다 상당히 크다. 게다가 글루온의 결합상수는 전하와는 달리 일정한 값을 정의해 줄 수가 없고, 관측할 때의 에너지 또는 길이의 스케일에 따라서 변화한다는 사실도 '16장. 점근적 자유성'에서 설명한 대로이다.

결합상수가 관측의 스케일에 의하여 바뀌는 것은 QCD만의 특징은 아니며 재규격화가 가능한 이론의 공통적인 성질이었다. 다만 QED—전자역학—와 같은 아벨적 게이지장인 경우에 결합상수의 행동은 비아벨장과는 반대여서 에너지가 커지는 데 따라서 점점 커진다. 전하가 가까이에 가서 보면 크게 보이고 멀리서 보면 차폐 작용 때문에 작게 보인다는 것도 설명 하였었다. 다만 차폐 작용은 완전하지가 않기 때문에 무한원(無限遠)에서 보았을 때도 0이 되지 않고 일정한 값을 갖게 된다. 이것이 보통의 의미에서의 전하의 크기이다.

이제 우리는 강한 힘, 전자기적 힘, 약한 힘을 모두 함께 다루어 보자. 이것들을 통일된 이론 아래 통합할 수는 없을까?

위의 고찰은 이 가능성을 강력하게 지지하는 듯이 보인다. 왜냐하면 전자기력의 결합상수는 작기는 하지만 에너지를 올려가면 커진다. 한편 강한 힘의 결합상수는 큰 값에서부터 출발해서 에너지가 작아지면 작아진다. 약한 힘 쪽도 역시 비아벨적이기 때문에 작아지게 될 것이다.

따라서 이 세 가지 힘의 결합상수가 어느 에너지 또는 길이의 스케일 점에서 일치할지도 모른다. 그렇게 되면 결합상수는 본래가 단 하나뿐이고 세 종류의 게이지장은 무엇인가 단일 게이지장의 서로 다른 성분에 불과한 것이라고 생각할 수는 없을까? 대칭성의 파탄이라는 현상 때문에 서로 상이한 성분들이 제각기 다른 진화 과정을 거쳐서 저에너지에서는 서로 다른 형태로 나타나는 것은 아닐까?

터무니없이 큰 에너지—그러나 무의미하지만은 않다

만약 그것이 사실이라면 이것은 멋진 착상이라 할 수 있다. 그러나 이 통일이 실현되는 에너지라는 것은 어느 정도의 것일까? 그것을 조사하려면 재규격화 이론에 관한 다음과 같은 성질을 소개해 두어야 한다.

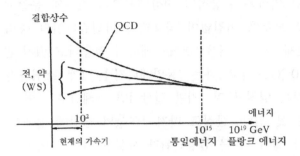

〈그림 20-1〉 전자기장과 글루온의 통일에너지

　게이지장의 결합상수 g의 크기는 보통은 차원(次元)이 없는 수 $g^2/\hbar c$에 의해 주어진다. 전자기장의 경우 이것은 미세구조 상수 $e^2/\hbar c=1/137$이었다. QCD에 있어서 글루온의 결합상수 $g^2/\hbar c$는 1GeV 정도의 에너지에서는 0.3 안팎의 값이 얻어지고 있다. 이들 결합상수는 일반적으로 에너지 E의 대수(對數)에 역비례하여 변화한다고 생각해도 무방하다.

　그 비례상수는 이론의 상세한 성격에 따라 결정되며 비아벨 장이라면 플러스, 아벨장이라면 마이너스이다. 어쨌든 대수적이기 때문에 그 변화는 지극히 완만하다. 이 식을 써서 전자기장과 글루온의 결합상수가 일치되는 에너지를 구하면 10^{15}GeV 정도라는 터무니없이 큰 값이 나와 버린다. 가속기에서 우리가 낼 수 있는 에너지가 겨우 10^2GeV 정도이니 그보다 10^{13}배나 크다. 이런 값은 무의미하지 않을까?

　그러나 이것을 일방적으로 무의미하다고만 몰아붙일 수는 없다. 사실 맥스웰의 방정식은 파장이 수백 킬로미터에서 10^{-13}㎝에 이르는 넓은 영역에 걸친 전자기파를 정확하게 기술하고 있다. 뉴턴 역학은 일상적인 현상에서부터 천체의 운동에 이르기까지 그 모두에 어김없이 적용되며 아인슈타인의 중력 이론은 우주 전체—거리로 쳐서 10^{27} cm—에까지 적용되고 있지 않는가.

이 10^{15} GeV라고 하는 '통일에너지'는 1개 소립자가 가지는 에너지로는 엄청난 것이지만 일상적인 스케일로 보면 그리 대단한 것은 못 된다. 물질로 따져 10^{-9} g의 질량에 불과한 것이다. 더군다나 훨씬 더 큰 질량단위가 사실은 기지의 이론 속에도 포함되어 있다. 그것은 플랑크 질량이라 일컬어지는 것으로서, 중력장이 다른 힘과 동등하게 중요해져서 중력장을 양자역학적으로 다뤄야 하는 에너지 영역이다. 이 에너지값은 10^{19} GeV, 또는 10^{-5} g에 해당하므로 강한 힘, 전자기적 힘, 약한 힘의 '통일에너지'보다는 10^4 배쯤이나 더 크다.

이미 란다우는 재규격화 이론이 나왔을 당시, 그것과 중력장의 관계에 착안하여 전자나 뮤온과 같은 소립자가 한 타스쯤만 있으면 플랑크 에너지에서 중력장과 전자기장이 통일될 수 있다고 지적한 일이 있다(소립자의 수에 따라 결합상수의 변화도가 달라지므로 통일에너지도 바뀌게 된다. 어쨌든 간에 정확한 수치를 구한다는 것은 무리이다).

아인슈타인이 이루지 못한 꿈

통일장 이론(統一場理論)은 근본을 따지자면 꽤 오랜 역사를 가졌으며 아인슈타인의 중력장 이론이 바로 그 발단이라고 말해도 될 것이다. 아인슈타인의 생각에 의하면 중력이란 바로 공간의 기하학적 성질을 반영하는 것에 불과하다. 천체 둘레에서 물체가 직선운동을 하지 않는 이유는 공간 자체가 구부러져 있기 때문이다. 지구와 같은 구(球)의 표면을 곧장 달려가면 한 바퀴를 돌아서 다시 원래대로 되돌아오지만, 진정한 평면 위에 서는 영구히 돌아올 수가 없게 된다. 이 차이는 구면과 평면 사이의 기하학적 구조의 차이에 의한 것이며, 구면 위에서 물체에 힘이 작용하고 있기 때문이라고 생각하는 쪽이 더 부자연할 것이다. 아인슈타인에 따르면 중력도 이것과 비슷한 현상이란 것이다.

중력장 이외로 도달거리가 긴 힘으로 알려져 있는 것은 전자기력뿐이다. 이와 같은 사정은 아인슈타인 시대부터 변함이 없으나, 중력이 기하학에 귀착되는 것이라면 전자기력도 마찬가지로 다룰 수는 없을까? 이런 생각이 떠오르는 것은 당연한 일이며 유명한 수학자 헤르만 바일(Herman Weyl)은 시공간의 기하학적 성질을 아인슈타인의 것보다 더 확장함으로써 중력과 전자기력을 통일하려고 시도하였다.

또 아인슈타인 자신도 만년에는 통일장 이론을 완성시키려고 노력을 계속했었으나, 결국 만족할 만한 결과는 얻지 못했다. 그러나 통일장의 이상(理想)은 죽지 않았으며 바일이 뿌린 씨는 최근에 와서 갑자기 싹트기 시작했다. 그 내용은 처음 것과는 다소 달라졌지만 이것이 게이지장의 사고이며 게이지라는 이름도 애당초가 바일에 의하여 붙여진 이름이다.

세 가지 힘과 물질 입자의 통일 이론

와인버그-살람의 이론에 의해 통일된 것은 중력과 전자기력이 아니고 전자기력과 약한 힘이다. 그리고 그다음 단계에서는 강한 힘까지도 합병하려 한다. 이것이 이 장의 서두에서 말한 생각의 취지이다. 이런 의미에서 약한 힘, 전자기적 힘, 강한 힘의 세 힘을 통일하는 이론은 현재 '대통일 이론(大統一理論)' 또는 GUTS(Grand Unification Theories)라고 불리고 있다.

대통일 이론에서는 유감스럽게도 그 원조인 아인슈타인의 중력 이론이 아직 포함되지 않았다. 중력을 병합하기 위해서는 앞으로 대통일 이론보다 더 큰 대대통일 이론(大大統一理論)이라고나 해야 할 이론의 출현을 기다려야 할 것이다. 현재도 물론 많은 노력이 이루어지고는 있으나, 중력장의 수학적 성질이 보통 게이지장의 성질과는 두드러지게 달라서 이를테면 양자론적으로 다룰 경우, 재규격화가 가능하지 않다는 것이 치명적인 곤란이다. 즉 중력장에 관해서 우리들은 아직 재규격화 이론이 나오기 전에 성립했던 전자역학에 해당하는 단계밖에 와 있지 못한 것이다.

실제 문제로서도 중력의 양자적 효과가 소립자에 영향을 미쳐 오는 것은 위에서 말한 플랑크 에너지의 영역부터이므로 실험적인 검증도 할 수가 없다. 그보다도 당면 문제는 중력장 이외의 힘—약한 힘, 전자기적 힘, 강한 힘—을 통일하는 것과, 그와 동시에 쿼크, 렙톤 등의 물질 입자를 통일적으로 다루는 이론을 시도하는 일일 것이다. 이것에 대해서는 다음 장에서 좀 더 자세히 언급하기로 한다.

21장
대통일 이론을 위한 프로그램

마지막 질문

아인슈타인의 중력장 방정식이란 중력장이 물질의 분포에 의해서 결정된다는 것을 나타내는 것으로서, 다음과 같이 쓸 수 있다.

$$R_{\mu\nu} - 1/2\ g_{\mu\nu}R = 8\pi GT_{\mu\nu}$$

이 식의 아름다움은 수학적 의미를 잘 알지 못하면 참맛을 맛볼 수 없는 것이겠지만 대충 말하자면 좌변은 시공간의 휨, 즉 중력장을 나타내고, 우변은 물질의 에너지 즉 입자, 전자기장, 기타 시공 속에 존재하는 모든 것의 에너지를 나타내고 있다. G는 뉴턴의 중력상수이다.

아인슈타인은 한때 이 식은 조화가 이루어져 있지 않다고 불만을 표시한 적이 있었는데, 건물에 비유해 말한다면 왼쪽은 아름다운 대리석 건조물이고 오른쪽은 보잘것없는 목조물과도 같다는 것이다. 왜냐하면 좌변의 중력장은 아름답고 단순한 기하학적 원리에 바탕하고 있는 데 비해, 우변은 실은 매우 복잡하고 변덕스럽게 보이기 때문이다.

다만 우변 중에서도 전자기장 부분만은 예외로서, 이것이 게이지장으로서 일종의 기하학적 원리에 귀착된다는 것은 이미 배운 바와 같다. 게다가 WS 이론과 QCD를 보태면 약한 힘, 강한 힘도 바로 일종의 게이지장에 불과하게 된다. 결국 남는

$$R_{\mu\nu} - \tfrac{1}{2}g_{\mu\nu}R = 8\pi GT$$

아인슈타인의 불만

것은 물질 입자, 즉 렙톤과 쿼크 등이다. 대통일 이론에서는 불가불 이들 물질 입자까지도 통일해야 한다. 그러나 물질 입자에 알맞는 기하학적 원리란 과연 존재할까?

이 마지막 질문에 대한 결정적인 대답은 아직 없다. 초대칭(超對稱, Super Symmetry) 이론이라는 것이 있어서 페르미 입자(즉 물질 입자)와 보스 입자(힘의 장)를 통일하여 다룰 수가 있으나, 진짜 문제는 왜 물질 입자가 질량을 가지느냐는 점이다. 갖가지 렙톤이나 쿼크가 제각기 임의의 질량을 가졌고 그들 사이에는 아무런 규칙성도 없어 보인다. 아인슈타인 방정식의 우변이 복잡한 주된 원인은 여기에 있다. 질량이 없는 장이나 입자를 기하학적 원리나 초대칭 원리에 적용시키는 것은 비교적 간단하다.

대통일 이론은 이와 같은 근본적인 문제에 만족할 만한 해답을 주는 것은 아니지만, 적어도 그와 같은 문제 해결을 향하는 첫걸음으로서 쿼크나 렙톤 등을 통일하려고 하고 있다.

대통일 이론의 대표적인 것으로서 조자이-글래쇼의 SU₅ 이론을 간단히 소개하겠다.

조자이-글래쇼의 대통일 이론

지금까지 몇 번이고 되풀이해서 설명해 왔듯이 쿼크와 렙톤의 차이는 강한 상호작용을 가지느냐 갖지 않느냐에 있다. 강한 상호작용을 약한 힘과 전자기적 힘과 통일시키는 데는 당연히 렙톤과 쿼크를 통일시켜야 한다. 그렇게 하면 쿼크와 렙톤 사이의 관계는 하전 입자와 중성 입자 사이의 관계 비슷한 것이라고 생각하면 된다.

쿼크나 렙톤에는 여러 가지 종류(향기)가 있다. 약한 상호작용에 국한한다면 이 상호작용은 (u, d), (ν, e) 등의 2인조로 설명된다는 것도 알고 있는 바와 같다. 카비보 혼합(18장. '참쿼크가 있을 터인데?' 참조) 등의 사실을 일단 무시한다면 상이한 2인조 사이에는 전환이 일어나지 않는다.

그래서 쿼크, 렙톤 조 중에서도 제일 가벼운 것, 즉 위에서 말한 (u, d), (ν, e)만을 취하여 통일해 보기로 하자. 이것들은 이미 '18장. 참쿼크가 있을 터인데?' 후반부에서 정의한 것과 같이 제1세대의 기본 입자이고 다음에 올 제2세대는 (c, s), (ν_μ, μ)이다. 각 세대는 서로 질량만이 다를 뿐이므로 제1세대에 관한 통일 이론은 다음 세대에 대해서도 그대로 적용될 것이다.

쿼크의 색깔까지도 고려하면 제1세대의 기본 입자는 실은 쿼크가 6개, 렙톤이 2개 있는 것처럼 보이나 좌회전과 우회전의

246

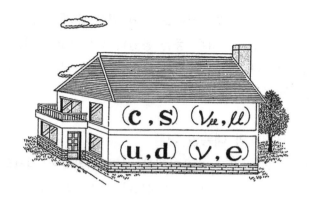

쿼크, 렙톤의 제1세대와 제2세대

입자를 구별해서 생각하면 중성미자에는 좌회전적인 ν_L(그것의 반입자인 ν_R은 우회전적)밖에는 존재하지 않는다. 설사 우회전의 것이 존재한다 치더라도 현재 알려져 있는 약한 상호작용과는 관계가 없는 셈이다. 그래서 조자이와 글래쇼는 이런 사정들을 고려한 끝에 다음과 같은 SU$_6$ 이론이라는 것을 내놓았다.

쿼크의 SU$_3$ 이론이 u, d, s쿼크를 1입자조로 다루었던 것과 같이 SU$_5$의 이론에서는 5개의 좌회전적 기본 입자로 된 조와 그것에 대응하는 우회전적 반입자의 조

$$\begin{pmatrix} \overline{d_R} \\ \overline{d_G} \\ \overline{d_B} \\ e \\ \nu \end{pmatrix}_L \qquad \begin{pmatrix} d_R \\ d_G \\ d_B \\ \overline{e} \\ \overline{\nu} \end{pmatrix}_R$$

로부터 출발한다. 그렇다면 나머지 입자는 어찌 될까? 이 질문
에 대한 답은 잠깐만 더 기다려 주기 바란다.

이들 5개의 입자가 모두 동등하다고 생각하면, 이들 5개 입
자는 SU_5의 대칭성을 갖게 되어 이들 사이에 임의의 전환이
허용되게 된다. 그러나 처음의 3개와 나중의 2개를 갈라서 각
각의 사이에서만 전환이 가능하다고 한정한다면, SU_3과 SU_2가
된다.

위의 식을 보아서 알 수 있듯이 앞 것은 d쿼크의 색깔을 바
꾸어주고 후자는 렙톤의 향기를 바꾸어준다. 즉 강한 상호작용
과 약한 상호작용을 의미하는 것이라고 생각하면 된다. V-A
이론에 따라 $\overline{d_L}$, d_R은 약한 상호작용을 갖지 않는다는 것에
주의하기 바란다. 이것으로 색깔의 SU_3과 WS 이론 안에서 논
의된 SU_2가 포함된다는 것을 알았다.

그렇다면 WS 이론의 U_1에 해당하는 것은 무엇이냐 하면 이
것은 쿼크(처음의 3개)와 렙톤(뒤의 2개)을 구별하는 양자수라고
생각된다. 그리고 보통의 전하는

$$\begin{pmatrix} \dfrac{1}{3} \\[2mm] \dfrac{1}{3} \\[2mm] \dfrac{1}{3} \\[2mm] -1 \\[2mm] 0 \end{pmatrix}_L \qquad \begin{pmatrix} -\dfrac{1}{3} \\[2mm] -\dfrac{1}{3} \\[2mm] -\dfrac{1}{3} \\[2mm] 1 \\[2mm] 0 \end{pmatrix}_R$$

로부터 알 수 있듯이 각 조 안에서의 평균은 0이 되어 있다(이

성질은 겔만-츠바이크의 쿼크 가설에서 사용된 것과 동일하다).

쿼크나 렙톤보다 더 아래층의 입자는 존재하는가?

그러나 이 작업은 아직 완성되지 않았다. 또 u쿼크 등의 쿼크는 어떻게 설명이 될 것인가? 그것에 대한 해답은 좀 복잡한데 극히 대충 설명한다면, 나머지 입자들은 양자수에 관한 한, 마치 위의 5입자조 중 입자들의 복합체가 된 것처럼 행동한다고 생각하면 된다. 이것은 옛날의 사카타 모형의 사고방식(9장. '사카타 모형' 참조)과 비슷하다.

사카타 모형에서는 양성자, 중성자, Λ입자가 향기의 SU_3을 걸머지는 기본 입자이고 다른 바리온, 즉 Σ입자, Ξ입자 등은 이것들의 합성계(合成系)라고 생각되었다.

먼저 대칭성(또는 양자수)의 입장에서부터 최소한도로 필요한 기본 입자로 된 조를 골라내고, 다른 입자를 이들의 복합체로서 다루는 것이 모형을 만드는 이론가들의 상투 수단인 것 같다. 그러나 사카타 모형은 후에 쿼크 모형으로 대체되었다. 8개의 바리온 중에서 3개만을 기본 입자로 취하는 것에 무리가 있었기 때문이다.

그렇다면 지금의 SU_5의 경우에도 똑같은 역사가 되풀이되는 것은 아닐까? 5입자조를 이루는 입자는 쿼크나 렙톤의 구성요소가 되는 또 하나 아래층에 속하는 입자가 아닐런지?

위와 같은 의문이 생기는 것은 당연한 일이고 이미 이론가들은 이런 방향으로 상상을 다지고 있다. 그러나 이것이 옳은 방향인지 어떤지는 알 수가 없다. 그 이유의 하나로는 하드론의 경우와는 달라서 쿼크나 렙톤이 너비를 갖는 복합체라고 하는 조짐이 아직은 전혀 없다는 점이다. 또 SU₅를 그만두고 한 세대에 속하는 기본 입자를 모두 동등하게 다루는 이론을 만들 수도 있다.

SU₅ 이론의 주안점은 쿼크와 렙톤을 통일하는 데 있었다. 본래 쿼크와 렙톤은 본질적으로 다르지 않지만, 어떤 원인으로 인하여 대칭성이 자발적으로 깨뜨려져서 5입자조는 3개의 쿼크와 2개의 렙톤으로 나누어지고 저에너지 현상에서는 전혀 다른 성질을 갖게 된 것이다. 다만 '저에너지'란 통일에너지와 비교하여서 하는 이야기이므로 쿼크와 렙톤 사이의 대칭성을 실험실에서 실현한다는 것은 당분간은 바랄 수도 없을 것이다.

놀라운 귀결—모든 물질이 불안정하다!

그러나 SU₅ 이론은 이미 중요한 귀결을 하나 포함하고 있다. 그것은 쿼크와 렙톤 사이에 전환이 일어날 수 있다는 점이다. 그렇지 않으면 5입자조를 생각할 의미가 없게 된다. 그런데 쿼크는 모든 바리온 또는 원자핵의 구성요소이며, 따라서 바리온 수의 운반체이기도 하다. 바리온의 수는 전하처럼 엄밀하게 보존되는 것이라고 일반적으로 믿어져 왔다. 그러나 SU₅의 대칭성이 깨뜨려진 결과 바리온 수도 보존되지 않게 된다. 그 결과 원자핵은 렙톤으로 붕괴되고 원소는 소멸되어 버릴 것이다! 이를테면 양성자의 붕괴

$$p \rightarrow e + \gamma$$

등이 가능해질 것이다.

이것은 중대한 문제로서, 결코 무시할 수가 없다. 혹시 SU₅

이론이 틀린 것이 아닌가 생각하겠지만, 바리온 수가 전하와 같을 만큼 진정한 의미의 보존량인 것 같지는 않아 보인다는 것을 더 일반적으로도 말할 수가 있다. 왜냐하면 바리온 수에 비례하는 쿨롱형의 힘(도달거리가 긴 게이지장)이 존재하지 않기 때문이다. 즉 바리온 수의 보존을 보증할 메커니즘이 없는 셈이다.

현재로는 양성자가 실제로 붕괴한다는 확증은 없으며 그 수명은 10^{30}년 이상이라고 믿어지고 있다. 이것은 우주의 현재 나이인 10^{10}년과 비교하면 문제도 안 될 만큼 길기 때문에, 물질의 소멸을 걱정할 필요가 없다. 그러나 원리적인 문제로서는 중요하다. 더군다나 이론적 계산에 따르면 양성자의 수명이 10^{30}년보다 좀 더 길 정도라고 어림된다. 조금만 더 노력하면 실험에 걸려들 가능성이 크기 때문에, 최근에는 세계 각국에서 양성자의 붕괴를 검출하는 실험 계획이 진행 중에 있다.

대통일 이론의 시도는 아직 그 역사도 짧은 데다 결정적인 이론도 나와 있지 않으며 또 전혀 미해결인 문제도 많이 남아 있기는 하지만, 일반적인 특징으로서 말할 수 있는 것은 이른바 통일에너지의 스케일이 매우 크다는 점이다. 다음 세대 가속기의 에너지가, 현재의 10^3GeV보다 한층 더 큰 10^{15}GeV 정도까지로 올라가지 않는 한, 본질적으로 새로운 현상은 일어나지 않을 것이라고 일부 사람들은 주장한다. 그 중간 에너지 영역은 사하라 사막과 같은 불모(不毛)의 영역인 것이다. 만약 정말로 그렇다면 소립자물리는 20세기에서 일단 벽에 부딪치게 될지도 모른다.

소립자론과 우주론의 융합

10^{15}GeV의 에너지를 실험실 안에서 실현하는 것은 불가능하나 물리학자는 다른 현상을 교묘하게 이용하는 방법을 생각해 내고 있다. 그것은 우주론(宇宙論)과 결부시키는 일이다. 우주론은 이 책에서 다룰 대상이 아니기에 깊이 개입할 성질의 것은 못되나 현재 일반적으로 받아들여지고 있는 견해에 따르면 우주는 200억 년쯤 전에 빅뱅(Big Bang, 原始宇宙 大爆發 理論)으로부터 출발하여 현재까지 팽창을 계속하고 있다.

이 팽창을 지배하는 것이 아인슈타인의 방정식(21장. '마지막 질문' 참조)이며 우주의 크기는 플랑크의 길이인 10^{-33}㎝에서부터 현재의 10^{28}㎝까지로 바뀌었다. 앞의 것은 플랑크 질량 10^{19}GeV(20장. '터무니없이 큰 에너지' 후반부 참조)의 역수에 해당하는 것이므로 그 속에서 물질의 에너지(또는 온도)가 이와 같이 높은 상태에서부터 시작되는 셈이다. 그 후의 우주의 진화 상태가 기본 입자나 게이지장의 성질에 영향을 받으리라는 것은 쉽게 이해할 수 있을 것이다.

이를테면 우주의 물질은 바리온(양성자나 중성자)으로부터 성립되어 있고 바리온이 발견되지 않은 것은 어째서냐 하는 문제가 있다. 우주 안에 들어 있는 바리온 수는 약 10^{80}이라고 하는 터무니없이 큰 수이지만 입자 및 반입자에 관한 대칭성으로부터는 0이어야 하지 않을까?(하기는 이 수는 우주 안에 들어 있는 광자의 수 10^{88}과 비교하면 적지만 후자는 입자와 반입자의 구별을 갖지 않으므로 별로 이상할 것이 못된다)

대통일 이론에 의해 이 문제는 해결될 가능성이 있어 보인다. 지금까지 몇 번이고 말해 왔듯이 약한 상호작용은 여러 가지 보존법칙을 잘 지키고 있지 않다. CP의 파탄이나 바리온 수의 비보존(양성자의 붕괴) 성질을 고려한다면, 거꾸로 우주가 발달하는 도중에 바리온과 반바리온 사이에 불균형이 생겼었다는 것을 이해할 수도 있다는 것이 최근에 지적되었다.

또 한 가지 흥미로운 문제는 중성미자의 질량이다. 중성미자의 질량은 실험적으로 매우 작아서 일반적으로 0이라고 믿어지고 있으나 게이지장의 양자의 경우와 같은 이론적 필연성은 부족하다. 뿐만 아니라 최근에는 실험적으로도 0이 아닐지 모른다는 조짐이 나타나고 있다. 만약 이것이 사실이라고 한다면 우주에는 '눈에 보이지 않는' 질량이 상당히 빽빽하게 차 있을지도 모른다.

순간 속에 살면서도 우주나 물질의 끝에서 끝까지를 알아낼 수 있는 인간 사고의 신비성

이와 같이 우주론과 소립자물리학은 서로 밀접하게 관련되어 있고 서로 도와가고 있다. 그것은 좋은 일이기는 하지만 소박한 대통일 이론이 주장하는 바와 같은 사막지대가 과연 존재하는 것일까? 필자는 그렇게 생각하지 않고 있다. 게이지통일장 이론의 진보에도 불구하고 아직도 이해할 수 없는 문제가 많이 남아 있으며 지금까지의 경험에 비추어 보더라도 자연은 다시금 우리가 예기하는 이상으로 복잡하고 풍부하다는 것을 보여주었다. 아마 장래에 있어서도 같은 사정이 되풀이될 것이다.

그러나 우리가 오히려 경탄을 금할 수 없는 것은 자연의 비밀이 하나씩 하나씩 연달아 해명되어 가는 일이 아닐까? 우주의 탄생으로부터 200억 년이 지난 오늘날, 그 역사에 비하면 한순간이라고도 말할 수 있는 현재의 시점에서, 그 안에 들어 있는 물질의 일부를 이루고 있는 우리 자신이 우주의 법칙을 발견하고 그 역사를 알아내고 물질 자체도 유한한 수명을 가지는 일시적인 존재라고 하는 것까지 깨닫게 된다는 것은 그야말로 불가사의한 일이다.

용어 해설

램 시프트

원자 속 전자의 에너지준위가 디랙 방정식에 의해 계산한 값으로부터 근소하게 처지는 현상을 램 시프트라 한다. 1947년 컬럼비아대학의 램(W. Lamb)에 의해 발견되었으나 그 무렵에 때마침 재규격화 이론이 완성되어 가고 있었으므로 이론의 정당성을 증명하는 최초의 테스트가 되었다. 램 시프트의 원인은 전자가 가광자(假光子)를 끊임없이 방출, 재흡수하고 있으므로 반도(反挑) 때문에 너비를 갖게 되는 데에 의한다. 램은 이 업적으로 노벨상을 수상했다.

불확정성 원리(하이젠베르크의 원리)

양자역학에 있어서는 입자의 위치 x와 운동량 p를 동시에 확정하는 것이 원리적으로 불가능하다. 각각의 불확정도(요동)를 Δx, Δp라 하면 그 적은 플랑크 상수 $\hbar$ 정도보다 작게 할 수 없다. 같은 관계는 시각과 에너지 사이에도 성립한다.

불확정성의 유래는 입자의 파동적 성질이다. 파동은 본질적으로 너비를 가진 것으로서 파장(또는 주기)을 크게 하면 필연적으로 공간적(또는 시간적) 너비가 커지는데 이것들은 아인슈타인-드 브로이의 관계에 의해 운동량(또는 에너지)의 역수에 비례하기 때문에 위의 구속이 생기는 것이다.

이를테면 만약, 운동량이 엄밀하게 p이고 불확정도 Δp가 제로(따라서 Δx는 무한대)라면 그 상태는 운동량의 고유 상태이며 고유값 p를 가진다고 한다.

산란

산란은 소립자물리학의 기본적인 실험 방법이다. 당구의 경우와 본질적으로 같은 것이며 한 개의 입자가 다른 입자에 충돌하면 산란이 일어난다. 다만 산란 후에 입자가 여기(들뜬) 상태로 옮아가거나 아이덴티티를 바꾸거나 두 개 이상의 입자가 되거나 하는 일이 있다. 이것들을 비탄성 산란이라 하고 당구와 같은 경우를 탄성 산란이라 한다.

한 개의 표적 입자가 입사하는 입자의 흐름 속에 두어졌다고 하자. 흐름의 세기는 1㎠의 단면에 1초 동안 1개의 입자가 통과하는 것과 같다고 했을 때, 1초 동안에 산란되는 입자의 수가 산란단면적이다. 단면적과 산란 방향의 확률 분포(각분포)가 입자의 상호작용을 캐는 중요한 실마리가 된다.

아벨군과 비아벨군

$$2+3 = 3+2, \quad 2 \times 3 = 3 \times 2$$

그러나 전진해서 오른쪽으로 구부러지는 것과 오른쪽으로 구부러져서 전진하는 것은 그 결과가 다르다. 그러므로 덧셈이나 곱셈의 조작은 각각 가환적(可換的)이고 전진의 조작과 방향전환의 조작은 비가환적이다.

가환적인 요소만으로 이루어지는 군(群)은 아벨군, 그렇지 않은 경우는 비아벨군이라 불린다. 하나의 축 주위의 회전 전체는 아벨군이고 모든 방향의 축 주위 회전(3차원 공간의 회전)의

전체는 비아벨군을 이룬다. 양자역학에서 각운동량은 회전에
관한 보존량이라는 것을 8장에서 설명했지만 하전 입자가 갖는
전하는 한 방향의 회전에 관한 각운동량과 수학적으로 비슷한
성질을 가지고 있다. 이것에 대해 양-밀스 장의 전하에 해당하
는 아이소스핀은 그 이름이 가리키듯이 3차원 공간의 회전에
관한 각운동량과 유사하다. 전자기장이 아벨적 게이지장(아벨
장), 양-밀스 장이 비아벨적 게이지장(비아벨장)이라 불리는 까
닭이다.

아인슈타인-드 브로이의 관계

입자의 에너지 E, 운동량 p는 그 입자를 대표하는 양자역학
적인 파동(파동함수)의 파동수 k(파장의 역수), 진동수(주기의 역
수)에 각각 비례하고

$$E = h\nu, \quad p = hk$$

로 나타내진다. 전자는 아인슈타인에 의해서, 후자는 드 브로이
에 의해서 이끌어졌다. h는 플랑크 상수이다. 단위의 사정상
$h/2\pi$를 쓰는 일이 많은데 이것을 $\hbar$로서 나타낸다. $\hbar$의 값은
10^{-27}erg초.

양자화

양자역학에서는 물리량(의 고유값)을 연속적으로 바꿀 수가 없
고 '양자 조건(量子條件)'을 만족시키는 특별한 값밖에 허용되지
않는 일이 많다. 이와 같은 조건을 부과하는 것을 양자화(量子
化)라고 한다. 원자 속 전자의 에너지나 각운동량은 양자화되어

있다. 또 광자는 전자기파의 진동이 양자화된 결과로 생긴다. 전하, 아이소스핀 등을(내부) 양자수라고 하는 것은 이것들이 역시 양자화되어 있다고 생각되기 때문이다.

여기 상태(들뜬 상태)

복합 입자(원자, 원자핵, 하드론 등)에서는 일반적으로 많은 에너지준위가 존재하고 그중의 어느 상태라도 취할 수 있지만, 가장 낮은 에너지의 상태를 기저 상태, 그 밖의 것을 여기 상태(勵起狀態)라 한다. 들뜬 상태는 일반적으로 불안정하며 광자 등의 입자를 방출하여 기저 상태로 붕괴하기 때문에 기저 상태가 통상적인 상태이다.

들뜬 상태를 만드는 데는 기저 상태에 특정 에너지를 외부에서 주어야 한다. 그 한 가지 방법은 붕괴의 역과정을 취하게 하는 것이다. 이를테면 광자를 표적의 복합 입자에 충돌시키면 광자의 에너지가 여기(勵起)에 필요한 에너지(여기에너지)에 일치했을 때 희망하는 반응이 일어나는데 이것이 다시 광자를 방출하여 붕괴하면 광자의 공명산란(共鳴散亂)으로서 관측된다.

요동

물리량이 엄밀하게 일정한 값을 취하지 않고 불규칙하게 변동하는 것을 의미한다. 그 원인은 이를테면 외부로부터의 간섭에 의하는 경우도 있지만 양자역학에 있어서는 본질적인 것이며, 특별한 경우(그 물리량의 고유 상태) 이외에는 반드시 나타나며 제거할 수는 없다.

콤프턴 파장

길이, 시간, 질량은 물리적 기술에 필요한 기본량이며 다른 양은 대개 이것들의 조합으로 나타내는데 질량과 에너지 사이의 아인슈타인의 관계 $E=mc^2$, 에너지, 운동량과 시간, 길이 사이의 아인슈타인-드 브로이의 관계를 사용하면 위의 세 종류의 단위를 광속도 c, 플랑크 상수 h의 조합에 의해서 한쪽으로부터 다른 쪽으로 환산할 수가 있다.

이 처방에 좇아서 소립자의 질량 m을 길이의 단위로 환산한 것을 콤프턴 파장이라 하며 $\hbar/mc$로 주어진다. 그 입자에 고유의 양자역학적 환대를 나타내는 것이다. 전자(電子)의 콤프턴 파장은 수소 원자 크기의 1/137, 즉 약 10^{-11}cm, π중간자의 그것은 원자핵의 크기 정도, 즉 약 10^{-18}cm이다.

플랑크 질량

중력은 전자기력이나 약한 힘(약력)에 비해서 매우 가벼운 것으로서 소립자의 세계에서는 보통 문제 삼지 않아도 되지만 매우 높은 에너지, 또는 매우 짧은 거리에서는 중력도 양자역학으로 다뤄야 하며 그 효과는 무시할 수 없다. 이 에너지의 가늠을 주는 것이 플랑크 질량(플랑크 에너지)이다. 뉴턴의 중력상수 G, 광속도 c, 플랑크 상수 $\hbar$의 조합으로 $(\hbar c/G)^{1/2}$로 나타낸다. 플랑크 질량의 크기는 2×10^{-5}g, 에너지로 환산하여 10^{19}GeV이다. 또 길이(즉 콤프턴 파장)나 시간으로 환산하면 10^{33}cm 및 10^{-43}초 정도가 된다. 이것들을 플랑크의 길이, 플랑크의 시간이라 한다.

쿼크

소립자물리의 최전선

초판 1쇄 1994년 09월 10일
개정 1쇄 2019년 07월 15일

지은이 난부 요이치로
옮긴이 김정흠·손영수
펴낸이 손영일
펴낸곳 전파과학사
주소 서울시 서대문구 증가로 18, 204호
등록 1956. 7. 23. 등록 제10-89호
전화 (02)333-8877(8855)
FAX (02)334-8092
홈페이지 www.s-wave.co.kr
E-mail chonpa2@hanmail.net
공식블로그 http://blog.naver.com/siencia

ISBN 978-89-7044-893-0 (03420)

도서목록
현대과학신서

도서목록

BLUE BACKS